BENSHU
BIANXIEZU
BIAN

RENLEI

TANXIANSHI SHANG

WEIDA DE FAXIAN

U0231685

人类
探险史上
伟大的发现

本书编写组◎编

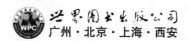
世界图书出版公司
广州·北京·上海·西安

图书在版编目（CIP）数据

人类探险史上伟大的发现／《人类探险史上伟大的
发现》编写组编 . —广州：广东世界图书出版公司，
2010.4（2024.2 重印）
ISBN 978－7－5100－2039－1

Ⅰ . ①人… Ⅱ . ①人… Ⅲ . ①探险－世界－青少年读
物 Ⅳ . ①N81－49

中国版本图书馆 CIP 数据核字（2010）第 049972 号

书　　名	人类探险史上伟大的发现	
	RENLEI TANXIANSHISHANG WEIDA DE FAXIAN	
编　　者	《人类探险史上伟大的发现》编写组	
责任编辑	韩海霞	
装帧设计	三棵树设计工作组	
出版发行	世界图书出版有限公司　世界图书出版广东有限公司	
地　　址	广州市海珠区新港西路大江冲 25 号	
邮　　编	510300	
电　　话	020-84452179	
网　　址	http://www.gdst.com.cn	
邮　　箱	wpc_gdst@163.com	
经　　销	新华书店	
印　　刷	唐山富达印务有限公司	
开　　本	787mm×1092mm　　1/16	
印　　张	10	
字　　数	120 千字	
版　　次	2010 年 4 月第 1 版　2024 年 2 月第 11 次印刷	
国际书号	ISBN　978-7-5100-2039-1	
定　　价	48.00 元	

前　　言

　　《鲁滨孙漂流记》、《格兰特船长的儿女》、《海底两万里》等探险故事都是很多青少年朋友特别喜爱的书。

　　"探险"，就是指尝试到从来没有人去过或很少有人去过的充满危险的地方或领域探索和考察。探险家们就是这样一些英雄好汉，他们什么都不怕，怀着冲破世上一切艰难险阻的炽热信念，专挑选那些杳无人迹、险象环生的绝境去闯荡、去发现，代表人类去征服、去战胜大自然。探险家的故事惊心动魄，扣人心弦；探险家永远年轻，永远光彩，永远引起人们的关注和羡慕，永远让人类骄傲和自豪。

　　探险活动古已有之，从 20 世纪中叶以来世界各国包括华夏大地更是掀起了一个新的探险热潮，青少年也不例外。1939 年，约翰·戈达德还是美国洛杉矶市郊狭小天地里一个 15 岁的毛头小伙子时，已立志踏遍天涯海角，成为一个伟大的探险家了。他把他将要在一生中做完的事情列成一张表，郑重地署名为"我的人生计划"，总共 127 项。

　　16 岁时，他就跟爸爸一起考察了美国佛罗里达州的大沼泽；20 岁时，在加勒比海、爱琴海和红海里潜过水；到 21 岁时，他的游踪已遍及 21 个国家；26 岁去尼罗河探险；接着是乘木筏漂流科罗拉多河、刚果河……攀登五大洲的最高峰，在南美洲、加里曼丹岛和新几内亚的原始部落中生活了一段时间……1983 年，59 岁的戈达德已经完成了 127 项计划中的 106 项。在追求他的目标的过程中，他曾 18 次濒于死亡的边缘。但他最终得到了作为一个探险家的种种荣誉，包括英国皇家地理学会和纽约探险家俱乐部的会员资格。在他内心深处，他坚信，总有一天他会实现第125项计划：访问月球。

中国少年英雄赖宁出生在咆哮奔腾的大渡河畔。赖宁最喜欢去大渡河钓鱼，到山上爬陡峭的悬崖钻进山洞中去探险等。他不止一次地登上高山峻岭，也不止一次地钻进黑暗的山洞，并且还拟订了一份秘密的探险行动计划。由于他爱好探险，在他身上养成了一种积极探求的进取精神。他好奇、好胜、好追根寻底，这使得他能以顽强的意志和勇于探索的精神，战胜学习和生活中一个又一个的困难，征服了一座又一座的高峰。

探险是探索精神、献身精神和科学精神的伟大结合。从大自然脱胎而出的人类，永远有一种回归的冲动和欲望。

源此，我们编著了《人类探险史上最伟大的发现》一书，旨在让青少年朋友了解中外探险家的情操意志，学习他们崇高的献身精神，从而发掘自己的力量源泉。

目 录
Contents

探险,在于发现

探险的意义在于"发现" ········ 1

探险精神万岁 ················· 5

探险是一门学问 ·············· 11

探索大陆

张骞出使西域 ················ 14

哥伦布发现新大陆 ··········· 19

马可·波罗东游 ·············· 35

麦哲伦环航地球 ·············· 39

穿越沙漠 ····················· 56

挑战珠峰 ····················· 75

潜入海洋

郑和下西洋 ·················· 80

深海探奇 ····················· 82

征服四大洋 ·················· 89

深海秘境 ····················· 96

潜入深渊 ···················· 106

江河漂流 ···················· 113

飞向太空

浩瀚宇宙中的第一颗人造

　卫星 ······················ 117

征服太空第一人 ············· 123

揭开月球的面纱 ············· 131

"阿波罗"11号进入奔月

　轨道 ······················ 134

"哥伦比亚"初试锋芒 ········ 139

"挑战者"后来居上 ·········· 144

中国第一星 ·················· 148

探险，在于发现

■ 探险的意义在于"发现"

从人类诞生的时代起，各种自觉或不自觉的探险就已经萌芽了。远古时期的人类，生产和生活水平都极为低下，为了活下去，不得不随时去冒险。要吃饱肚子，就得不断寻找新的可以狩猎和采集野果的山林；要延续后代，就得寻找其他地方的氏族部落去抢婚或议婚。强大的敌对部落，凶猛的野兽，森林山火，山洪暴发等，都会驱使他们"乔迁"新居，扩大自己的活动范围。进入封建社会以后，远征战争、商品交换，还有治理水患、开疆拓土、开辟交通、宗教朝圣等等，无不需要跋山涉水步入陌生的地域，这些都带有探险的性质。人们的视野突破了由"日出而作，日入而息"所局限的自给自足的狭小天地，不断发现新的世界在地平线之外展开，对自己的生存空间逐渐有了全面的认识。

即使在几百年前，人类对于自己居住的家园——地球的认识，还少得可怜。正是那些勇敢的探险家，为了认识大自然，探索地球的奥秘，以超群的智慧和坚韧的毅力，到浩瀚的大海、茫茫的沙漠、幽深的洞穴、严酷的极地、广阔的天空去探险、去发现、去揭谜，才换来了人类今天对于自然界和地球的认识。可以毫不夸张地说，没有木制帆船的跨海远征，就不会有新大陆的发现；没有博物学家深入原始森林考察，就不会知道世上究竟有多少植物动物；没有舍生忘死的极地探险，就不会获得对南北极的科学认识；没有一系列的高山、沙漠、洞穴探险活动，人类就不可能精确地认识自己居住的星球，也不可能完成对世界地图的描摹。几千年人类的文明史，正是伴随无数勇敢的探险家的足迹，不断开拓、发现未知世界的历史，这个绵长的历史至今仍在继续。正是科学探险精神，赢得了人类社会的进步。

公元前210年的中国，有一个航海探险家徐福奉秦始皇之命，乘楼船出海漂渡东瀛，第一次发现天外有天、海外有海。中国的另一位大探险家张骞，在公元前2世纪末"凿空"开辟了有名的丝绸之路，横贯亚欧大陆，中国和西方就此相互发现了，中国的文化和许多物产通过丝绸之路流传到中亚、西亚和欧洲，西方的文化和许多物产也流传到中国来。

公元前2000～前600年，居住在今叙利亚、黎巴嫩一带，擅长造船、航海的腓尼基人，驾驶自己制造的巨型桨船，开始了远离自己祖国的探险航行。他们在地中海发现了一个又一个岛屿，直到直布罗陀海峡，第一次探明了地中海的范围大小。随后又穿过海峡驶进大西洋，发现了欧洲大陆的西南海岸和不列颠群岛。据说

徐福东渡

在公元前600年，腓尼基人受埃及人的雇佣，甚至进行了环绕整个非洲大陆的探险航行，从红海出发经过印度洋、大西洋返回埃及。

13世纪后半叶，威尼斯人马可·波罗沿着张骞开辟的丝绸之路，穿越中亚腹地的大沙漠和号称世界屋脊的帕米尔高原上的冰峰雪岭，周游中国各地，撰成著名的《马可·波罗游记》。这本书第一次向欧洲人打开了观察遥远东方世界的窗口，激起了欧洲人对繁荣富庶的东方的向往，中国和欧洲第一次变得那样接近了。《马可·波罗游记》成了当时人们绘制亚洲地图的指导性文献之一，也是后世探险家（如哥伦布）手边的必读书。1405～

1433 年，又一位中国航海探险家郑和，率领由 62 艘船只组成的当时世界上最庞大的船队，七下西洋，横穿波涛汹涌的南中国海、印度洋、霍尔木兹海峡和阿拉伯海，走访了今天的印度尼西亚、马来西亚、泰国、印度、也门和非洲东海岸的索马里、肯尼亚等地，大大开拓了中国人的视野。

人们把 15～17 世纪誉为地理大发现时代。在这 200 多年的激动人心的伟大时代里，由于新兴的资本主义经济发展的推动，或者说是为了扩展商业和殖民活动，探险成为一种规模渐趋扩大并由政府资助的社会事业。首先是哥伦布航海探险发现了新大陆——美洲大陆，在这之前，欧洲人对这块富庶美丽的大陆一无所知；接着是达·伽马绕过非洲大陆最南端的好望角，找到了从欧洲通往印度和东方的新航道；随后是麦哲伦船队环航地球一圈，第一次证实了地球是个圆球体，关于地平、地方还是地圆的千年争论终于宣告结束，偏见和谬误从此让位给科学……

即使是告别了探险家辈出的地理大发现时代，但人类发现的历史还远没有终结。1769～1770 年，英国航海探险家库克在南太平洋发现了新西兰南北岛和澳大利亚东海岸。

1820 年 11 月，美国人帕尔默驾驶一艘捕猎海豹的小船"毒簿"号发现了南极半岛；1821 年 1 月，俄国人别林斯高晋率领一支探险队发现了南极半岛附近的亚历山大一世岛；1840 年 1 月，法国人杜维尔和美国人威尔克斯分别同时发现了南极大陆；1909 年，美国人皮里首次到达北极点；1911 年 12 月，挪威的阿蒙森探险队步行完成了人类有史以来第一次征服南极点的进军……

翻开世界地图，无数地名都是以发现者即探险家的大名命名的。如麦哲伦海峡、戴维斯海峡、德雷克海峡、白令海、塔斯曼海、别林斯高晋海、罗斯海、阿蒙森海、巴伦支海、哈德孙湾、巴芬岛、塔斯马尼亚岛、库克群岛、吉尔帕特群岛、马绍尔群岛、皮特克恩岛、威尔克斯地、帕尔默地、沙克尔顿陆缘冰、菲尔希纳陆缘冰、费德钦科冰川、安赫尔瀑布、利文斯通瀑布……这恰似一座座纪念碑，记录着无数探险家的足迹；这是一首首赞美诗，颂扬他们为人类幸福而忘我献身的精神。这里面有一个个惊心动魄的探险故事，有名垂青史的悲壮历程，有可歌可泣的辉煌业绩，有激动人心的历史场面。

3

进入 20 世纪，地球上所有的空白几乎都让探险家的大名给填满了，探险的辉煌时代似乎也跟着销声匿迹了。但事实并不如此，人类的探险史永远不会打上句号，反而在新的起点上不断有所开拓。新时代的探险家们从不感到寂寞，他们转而去征服世界的最高峰。先是花了30年时间才登上第一高峰珠穆朗玛峰，以后又把全球所有 8000 米以上高峰一一踏在脚下。随后是不断变换路线，不断变换方式，轮番与大自然搏斗。比如乘气球飘过大西洋、太平洋，骑骆驼穿过撒哈拉大沙漠，徒步横穿南极大陆，乘

麦哲伦海峡

小帆船远征北冰洋，坐木筏漂流亚马孙河，探明数百千米长的地下洞穴网，等等，甚至开始向太空和月球进军。

以今天的眼光来看探险活动，它已不再局限于自然境界的发现和扩大，而且是人类对大自然的主动示威，是人的生命本质力量的主动显现，也是人对自身能力的发现力。在冰天雪地里，在惊涛骇浪中，在常人难以想象的艰苦环境中，探险家经过探索、失败、再探索，直至胜利的征服，人类终于创造了奇迹：只身闯荡北极，单人小舟环球航海，登上地球之巅，探寻地下深洞……这些活动本身证明了，人体具有无比巨大的潜能：可以战胜零下七八十摄氏度的低温严寒，可以战胜大沙漠中的干燥炎热，可以不带氧气登上极度缺氧的 8000 米以上高峰……探险活动极大地提高了人类对自然和自身的认识，使人类一次又一次惊喜地发现自己身上潜在的能力，真正成为地球的主人。现代探险，在很多时候实际上已成为一种象征，也就是说，在雄奇瑰丽的大自然中，人通过了解和征服自然，从而塑造了自己的伟大形象。探险是一个人或一个民族甚至整个人类强大生命力的表现。

另一方面，由于社会经济和科学技术的发展，也需要探险。比如第一只气球、第一架飞机和第一艘宇宙飞船的试飞，就是危险性很大的探险活动；第一艘潜水艇、第一艘深海潜水器的下潜，同样如此。再如到无人之地的地质勘探、资源普查、地貌考察、大地测量、海洋调查等等，也几乎无一不带有探险的性质。可以说，人类历史上种种进步都是前人以身试验、反复探索取得的。如果没有那种勇于探索、勇于发现的探险精神，人类就不可能取得今天这样的巨大成就。

探险精神万岁

探险既然是人类主动地"探"大自然之"险"，就必然带有很大的冒险性，各种意外或人身事故随时可能发生。从人类的探险史来看，各国的探险事业都是付出了无数血的代价，才逐步取得征服自然的各项世界纪录的。

从西班牙出发立志环球航行的麦哲伦，刚走了一半路程，就在太平洋菲律宾群岛的马克坦岛上被土人所杀。曾经三探南太平洋的英国库克船长，在发现了夏威夷群岛之后，在一场探险队与当地土著的火并事件中不幸丧生；库克的尸体被砍成数块，分送给土著人的酋长们食用。俄国探险家白令则因长期航海于北太平洋，患坏血病死去。曾经发现格陵兰岛与巴芬岛之间的戴维斯海峡的英国探险家约翰·戴维斯，当他在 1605 年探索热带海洋时，也在马鲁古群岛与马来人的一次战斗中被人打死。1610 年，英国人亨利·哈得孙在首次进入"有很大漩涡的海"——加拿大的哈得孙湾后，因船被冰封锁，迫不得已在岛上过冬。隔年夏季哈得孙再想继续向北航行时，部下发动叛乱，哈得孙和他的儿子及几个忠于船长的人，被抛到一条小船上，不给他们武器，也不给他们粮食，一位出色的探险家就这样含恨而终。不过这位倒霉的船长死后获得了荣誉，地图上出现了哈得孙河、哈得孙湾、哈得孙海峡等一系列以他大名命名的地名。

最悲壮的莫过于人类为了强行突破"不可逾越的白色死亡线"而对南北极地的冲刺了。荷兰人威廉·巴伦支三次驾帆船在北极探险，第三次（1597 年）被坚固的海冰包围，船员们不得不弃船逃生；后来他在饥寒交迫中倒下，尸体被抛入大海，这个大海被人们命名为巴伦支海。地球上再没有比加拿大北部更支离破碎的地形了，位于北极圈内的这条海路简直像个巨大的迷宫，布满了数不清的大小岛屿与曲曲折折的海湾，一年中有大半年被冰封冻的或宽或窄的海峡。即使是短暂的通航季节，也常常会遇到无处不在的冰山的袭击。几百年间不知有多少英雄好汉，由于错转了一个弯，而陷于冰天雪地中，左冲右突两三年，最后还是葬身于极地冰海之中。1845～1847年，曾经两度探险北冰洋、已年过花甲的英国人约翰·富兰克林，又指挥2艘航船共计138人开始第三次远征，因一路上不断被坚不可摧的冰山冰海围困和冻结，在巴芬湾全部遇难身亡，无一生还。后来经过将近30年的搜寻活动，才弄清这次悲惨事件的详情。人们在途中一个岛上找到许多被抛弃的什物和装着骨骼的棺材：在岛的北部，棺材还做得比较结实；往南走，棺材已是乱钉的了；再往南走，人的骨骼被乱堆在一起，已经没有棺材了……最后，在一个港湾发现了被抛弃的一只小船，船旁还有富兰克林同伴们最后的几具尸骨，探险队就是这样一步步走向死亡的。遗迹表明，有一部分队员在临死之前，曾演出过人吃人的惨剧。

为了到达北极点，美国海军上尉乔治·德朗指挥"珍妮一号"探险船，1879年从旧金山出发，进入北极圈，9月初即被冰团团冻结起来，在那里停留了21个月之久。1881年6月中旬由于冰层压缩船沉没了，船员们爬到冰块上，随冰漂游。最后整个探险队除有2人幸存外，其余以德朗为首的20个人全部饿死。瑞典人安德烈等3人是1897年第一批乘气球从空路去北极的探险家，出发后不久就失踪了。直到33年后，即1930年8月，他们的尸体和遗物才被一艘挪威渔船发现。曾经首先开拓北冰洋西北航道和第一个征服南极极点的著名挪威探险家阿蒙森，1928年为拯救"意大利"号飞艇的幸存者再次飞往北极，2天后失踪，看来是同5名机组人员一起坠入冰海了。

南极探险的牺牲情况同样令人震惊。1911年底至1912年初，英国人斯科特带领4个伙伴在与阿蒙森角逐谁先到达南极点的桂冠时，不幸败北，比阿蒙森迟到34天。劳累、饥饿、冻伤、雪暴，加上沮丧，使他们再也走不动了，在回基地的途中发生了全军覆没的悲剧。1960年10月10日，日本第四次南极考察队在昭和基地，发生了一名队员福岛绅被暴风雪卷走的惨事，7 年后才发现了他已冻僵的尸体。

有地球第三极之称的世界第一高峰珠穆朗玛峰，一直令无数的登山探险家心驰神往。自从 1921 年第一支英国登山队企图征服珠峰以后，几十年搏斗痛遭失败，11 条好汉为此葬送性命。直到 1963 年，才被第九支英国登山队征服。以后，尽管人类变换着各种方式、路线，数十次踏上珠峰之巅，然而珠峰并没有因此变得驯服，在珠峰捐躯的探险者总数已达 100 多人！仅 1952 年苏联登山队在珠峰下的一次事故中就死亡 40 人，被载入《吉尼斯世界之最大全》的灾难统计表中。

喜马拉雅山脉西部海拔 8125 米的南迦帕尔巴特峰，被登山家们谈虎色变地诅咒为"吃人的魔鬼山峰"，历史上几乎每攀登一次就失败一次，造成一次又一次的重大惨案。

1895 年，曾为世界登山运动的发展作出卓越贡献的英国探险家玛马里，代表人类第一次向海拔 8000 米以上的山峰发起冲击，不幸与 2 个随行人员一起葬身于这座山峰。40 年后的 1934 年，一支美英联合登山队共 9 人，在山上由于暴风雪的袭击，全部遇难，滑坠到深谷中去了。1937 年，又一支德国登山队在海拔 6280 米的宿营地过夜时，突然发生特大雪崩，把全队 16 人统统埋葬在上万吨重的积雪之下。

跨入 80 年代，尽管探险装备有了惊人的进步，应该说探险家的经验比以往任何时代要丰富、有用

南迦帕尔巴特峰

得多，但对于时刻想创造新纪录的探险家来说，危险性仍然无法避免。曾被日本人视为"国民英雄"的探险家植村直己，他是世界上第一位登过五大洲最高峰的人；他又只身驾驭木筏漂流亚马孙河 6000 千米；只身从日本

四岛最北端的北海道宗谷海峡岸边，步行 3000 千米直达最南端九州岛的鹿儿岛岸边；1978 年，他成功地进行了世界上第一次单独靠狗拉雪橇到北极点的探险；1982 年，他赶到南极探险；1984 年 2 月，他成为历史上第一个在险恶的冬天只身登上北美最高峰麦金利山（6193 米）的英雄。但不幸就在这次下山途中失踪。日本政府授予他国民荣誉奖。

另一名曾在 1988 年 5 月的中、日、尼三国横跨珠峰行动中担任日方队长的山田升，在 1988 年取得了一年内登上 4 座 8000 米以上高峰的令人羡慕的探险纪录。然而他在翌年 2 月于麦金利山实施"五大洲最高峰冬季登顶"计划时，重蹈植村覆辙，一去不返。曾以最快速度登上地球上所有（14 座）8000 米以上高峰（全世界迄今为止仅有 2 人）的波兰登山怪杰库库奇卡，也在 1989 年 10 月下旬再次冲击 8516 米的洛子峰时遇到不测。

再说最近的 1990 年 7 月 13 日，帕米尔高原上的列宁峰因地震而发生大面积雪崩，结果使设在 5300 米的一个国际登山营地被吞没。43 名不同国籍的登山运动员全部罹难。前苏联从 70 年代夏季举办"国际帕米尔登山营"活动。前苏联国家登山教练沙塔耶夫沉痛地说，在苏联乃至世界登山探险史上

麦金利山

还从未发生过规模这样大的悲剧。同年 8 月 12 日，在中国攀登天山主峰托木尔峰的 7 名日本登山队员，因遭暴风雪的突然袭击，3 人失踪，4 人受伤。

1991 年 1 月 3 日，中日梅里雪山登山队 17 人，包括日方 11 人、中方 6 人，在海拔 5100 米的三号营地也是由于突发的巨大雪崩，不幸全军覆没。消息首先由新华社披露，曾对大多数人都陌生的梅里雪山，立刻成为当时全国各大报纸和海内外广泛关注的热点。梅里雪山位于滇藏边界的德钦县，海拔只有 6740 米。但切莫小视了它，自 1987 年以来已先后有中、日、美的 4 支探

险队败下阵来，至今没有被人类征服。4月底，中日组成联合搜索队再次进山，打算搜索遇难队员的尸体和遗物，最后由于天气恶劣，不得不无功而归。同年6月5日，一座红灰色花岗岩中国登山纪念碑在北京怀柔登山训练基地揭幕，碑身上饰有一把冰镐和"山魂"两个金色大字——为缅怀迄今为止捐躯于中国登山探险事业的24名勇士。而在登山运动非常普及的日本，据统计1989年登山遇难者就高达794人，1990年仅比上一年减少了65人。

显而易见，大自然并不由于时光的流逝而变得比以前驯服温顺，它照样傲慢不逊、乖戾无常。另一方面，探险家们也从不因为前辈的失败、牺牲而气馁，畏缩不前。越是难于征服的地方，越是富于刺激性，成功的价值就越大。人类绝不愿意听从大自然的摆布，他们热衷的是怎样主动去向大自然挑战。可以说，今天世界范围内的探险活动是方兴未艾，参加的人数越来越多，表现出来的热情也越来越高涨。

1990年5月，正是攀登珠峰的黄金季节，很多国家的登山家云集珠峰之下，大有人满为患之势。珠峰峰顶其大小只能容纳约10名携带必需用品的登山者，但攀登者络绎不绝。仅5月10日这一天，攀上顶峰的至少有17人之多。一些登山者是在前面的登山者刚登上顶峰几分钟后接踵而至的。另外还有一些人由于峰顶面积有限，只能怀着焦急的心情在接近峰顶的地方等待。从顶上看下去，探险者排成的长队逶迤而下。自从1953年首次征服珠峰以来，至1991年，人们先后拜访珠峰的次数已达240次之多，其中有许多人是2次或3次登上珠峰的。1991年初，光尼泊尔旅游部就批准来自20个国家和地区的44个探险队，从3月1日开始的春季登山季节里，攀登包括珠峰在内的18个喜马拉雅山峰。1990年5月，申请赴中国西藏的外国登山队有17个共288人。

这许许多多的探险队和探险者中，绝大多数都是业余、自费的，也就是说他们纯粹是在"自找苦吃"。比如1990年第一个从难度较大的南坡登上海拔8516米的洛子峰的南斯拉夫登山家切森，就是一名建筑工人，平时在工地上工作。由于他是世界上仅有的五六名国际健将级运动员之一，才能在出国登山时得到一定的津贴。日本人植村直己本是农学系的大学生，毕业后带了110美元只身跑到美国，靠打工赚了一些钱，才实现了去法国攀登勃朗峰的愿望。当时为了维持生活，他还不得不在当地滑雪场做临时工。1971年8月，他随身仅带3.6万日元，开始了纵穿日本四岛的徒步长征。为了节省开支，他一般不住旅店，路过城市就在车站或楼道过夜，在农村就找个农家的稻草堆下憩息。饿了随便买些东西吃，渴了便在路边喝点凉水。由于不停顿地长途行走，又没有时间停下来换洗衣服，因此浑身都是臭汗味，但他仅用52天时间就完成这次探险计划。中国留美学生雷建共，为了实现只身驱车环游地球的梦想，3年来拼命打工积攒下三四万美元，自己购买了一辆旧丰田轿车。尧茂书生前是西南交通大学的摄影师，1985年自费自发首漂长江，不幸在金沙江翻船落水……

又如参加1988年中日尼三国南北双跨珠峰探险的所有日本人，都是在各公司凭工资生活的普通国民，并非专职的登山运动员。这其中大约有1/3是没有辞掉工作的；有1/3虽然没辞工作，但登山期间拿不到工资；而余下的1/3则是辞掉工作丢了饭碗来的。他们完全出于乐趣和志愿，既不代表国家，也不代表公司，只代表每个人自己。他们用自己挣的钱来登山探险，回去之后一无所有，唯一可以留下的是美丽又严酷的大自然给予他们的心灵震撼和回忆。随队来的《读卖新闻》报社社会部主任冈岛成行，工龄只有19年，却登了25年的山。他说他曾在美洲登山，钱花光了，穷得叮当响，几乎与街头乞儿为伍。于是要饭、搭车，硬是半饱着肚子把美洲大陆的高山都踏在了脚下，最后坐在安第斯山主峰顶上痛哭流涕一场。有人问日本队攀登队长重广恒夫，登山

尧茂书

艰苦又充满风险，乐趣在哪儿时，重广回答说："当然有危险。但在这同时，就产生了一种对生的执著的追求。这种追求使我们不断地战胜死亡，最后到达顶点。登山人很怪，登上一座山，经历过一次生与死的考验，就又萌发起登下一座山的欲望，也驱使我们迈出岛国来到珠峰脚下。作为一个人来说，投身到大山之中，不断体会着人与大自然的比较，你会发现，人是那么渺小，变得一无所有。于是，又产生了对大自然的遐想和追求。"或许这就是现代人争相重返大自然的原因吧。听说在这次三国联合探险行动中，由于天气变坏不得不取消第二、第三次冲击顶峰计划，原来准备登顶的部分日本队员和中国队员一起被迫下撤，男子汉们为顶峰近在咫尺却壮志未酬，抱在一起哭成一片。

真正的猛士，是没有悲剧的。尧茂书遇难后第二年，很快就有千百个尧茂书站起来。1986 年，当由中国人组成的长江漂流探险队漂至重庆涪陵时，江两岸筑起了欢迎的人墙。2000 多名青少年一起跳入齐腰深的江水中，把漂流队员们高高举起，高呼"探险精神万岁！""漂流长江的勇士万岁！"在湖北沙

喜马拉雅山峰

市，欢迎的人群中，一名 5 岁儿童骑在父亲脖子上，双手高举一块木牌，上面是他用童稚的笔法写下的 14 个大字："我长大了也像你们一样漂流长江！"从这发自内心的呼喊，从这稚气的儿童身上，不是可以强烈地感受到民族警醒的意识和勇敢无畏、奋发向上、一飞冲天的气势吗？探险，也是一个人或一个民族强大生命力的表现。人类的前进永远离不开探险精神！

▌探险是一门学问

探险虽然要冒险，但它并非孤注一掷，不是生死有命，也不是成败在

天。它除了需要勇敢坚毅外，还必须讲求科学。在进行任何一项探险之前，都要经过事先的周密调查和实地侦察，把冒险变为有把握的、科学的探险，这才是真正探险家才智的表现。还包括严密的组织，充分的物质准备，应急的各项措施，目的在于尽量减少不必要的损失。

驾驶汽车只身环球探脸的雷建共，出发前曾大量阅读各种有关环球旅行的书籍。为了了解各国办理签证和汽车入境的手续，他在 3 年中先后打了数千个电话，写了好多信。他还买下许多地图，事先掌握途经国家的地理、气候和交通情况。为了锻炼体力和考验车辆，他几次连续 24 小时开车，还学会自己动手拆车、装车，修理小故障，经过严格考试领取了国际驾驶执照。

孤胆英雄植村直己，为了实现登山探险的愿望，即使在登上了好几座高峰以后，仍然虚心地进入法国国立登山学校学习登山技术和英语、法语。为了独闯北极点，他认为必须先锻炼身体，增强体质，为此他先作了日本列岛 3000 千米之行。但他知道这还远远不够，必须首先要适应北极圈极严酷的环境，学会在刺骨的严寒、呼啸的狂风、漫长的极昼和冰天雪地中生活的本领，学会掌握北极所使用的交通运输工具和就地取材解决服装、补充食品等的能力。这一切看来是小事，但却是十分复杂的问题，稍有不当都会危及探险者的生命。所以植村 1972～1977 年，先后 3 次深入北极圈内，进行实地的准备和锻炼。他努力适应当地土著居民因纽特人吃生驯鹿肉、生鲸肉、海豹油和动物鲜血的原始生活习惯，因为这些食品的营养和热量极其丰富，吃了能长时间耐饥，足够补充探险时大量消耗的体力。他又向因纽特人学习捕捉北极陆地和海洋中的动物、鱼类的本领；学习驯北极犬，学会驾驶犬橇拉人、驮运物资；学会识别冰爆区，躲避北极熊的袭击，学习在无边际的银色世界里观察地形、辨别前进方向的能力。在此期间，他经历了许许多多惊心动魄的险事，冷静果断地处理过多种复杂问题，因此才最终赢得了胜利。

今天，人们已把探险作为一门学问、一门科学来看待。新诞生不久的探险学，它研究的是探险的目的、探险的历史、探险的组织，按照不同探险种类应具有的不同的探险要求、探险方法、探险装备，以及探险应注意的事项，野外（包括恶劣环境下）如何生存生活，遇险时的急救医疗，探险成果的整理等等。这门新兴的科学是以几千几百年来，无数探险家血的代价，以及太量探险实践、经验总结而得以建立起来的。

孤胆英雄植村直己

比如探讨斯科特南极探险队全军覆没的悲剧，主要是因为运输工具选择不当，选用了西伯利亚矮种马，而不是北极犬，因此犯了战略性错误。矮种马适应不了南极的严寒，又因为缺乏饲料，接二连三地死去，剩下的也在没过马肚子的积雪中迈不动步子，斯科特只好下令射杀了一些马匹。他们原来寄予厚望的机动摩托雪橇也很快就坏了，成为一堆废铁。探险队只好用人力拖着载运物资的雪橇，速度大大放慢，人员极度疲劳。加上他们祸不单行，途中遇到可怕的暴风雪，以及食品基地数量不够等原因，导致灭顶之灾。至于日本考察队员福岛绅在昭和基地被暴风雪卷走，则是忽视了基地人员在恶劣天气不能外出的规定。

再如高山探险活动，要求掌握陡崖的攀登和越过冰雪的技巧，学会侦察地形，掌握雪崩发生的规律和观察气象变化。就以1990年前苏联列宁峰发生的那场雪崩惨剧来说，本来有一支英国登山队也准备在国际登山营地过夜，但队长马克·米勒经验丰富，在观察之后经验和直觉告诉他，这里地势很陡，一旦发生不测就很难脱险。于是他毅然决然地把队伍拉出营地，在相距四五百米的另一较高地方扎营。也就是这个临时决定，挽救了他和另外6名队员的生命，使他们幸免于难。

所有这些都说明，真正的探险活动应是一项计划周全的系统工程，无论装备、应急措施、活动方式等方面，都必须建立在严格的科学基础上，来不得半点疏忽大意，否则是要以人的生命作为代价的。鉴于此，我国近年成立了科学探险协会，大力提倡科学探险。

探索大陆

■ 张骞出使西域

公元前 329 年，亚历山大在他的大规模胜利进军中，曾跨过巴克特里亚和粟特，停步于波斯边境上，建立了一座城市，称作"亚历山大最远点"。即现今雅哈兹河边的苛琴之地。亚历山大死后，巴克特里亚和粟特仍在希腊人统治下过了将近 2 个世纪。大约在公元前 130～前 87 年，在欧洲第一次出现了关于"丝国"的传闻，说是巴克特里亚国王欧多台墨斯的征服地区扩展到了"丝国"。然而，在巴克特里亚的希腊人反倒一直认为丝国是在遥远的东方。欧多台墨斯为寻求黄金，曾派出一些探险队设法找到丝国，也一直未获成功。

细说起来，只凭丝织品来认识中国，含意还是极为模糊的。前面所说"丝国"一词首次在欧洲出现时，还显然并非指中国，而是倒卖丝织品的"二道贩子"或"三道贩子"们所在的国家

张骞出使西域

14

或民族部落。真正把"丝国"对号入座于中国，是在张骞通西域之后。

中国的丝织品作为衣着、艺术品和奢侈品，吸引了世界上一切能够看到它的人。买主奉丝绸为珍品，不惜代价寻求，对于更远处的需求者来说，先前的买主又可以转身一变为卖主。这种转手贸易的商品通道渐趋稳定，就形成了"丝绸之路"，或简称"丝路"。中国古代把这条丝路沿途所经之处统称西域，包括中国版图内的西部地区和版图之外的波斯、印度、罗马、埃及诸国。中国历史上有明文记载向西探险的第一人是张骞。而说张骞必然要说到匈奴。

匈奴族是中国古代民族之一，居于中国北方疆土，是夏民族的后裔，与殷、周并为古代中国三个较强大的民族集团。直至公元前3世纪，它还处于部落分立的奴隶制社会，主要从事畜牧业生产，在水草分布很不均匀的蒙古高原过着游牧生活。上层奴隶主为了获得财富和奴隶，便组织骑兵到邻近地区掠夺，后来发展到掠取汉族农业人口为他们从事放牧、手工业生产和耕种少量田地。

秦帝国时，匈奴单于头曼被秦打败，就向北迁徙。后来，头曼的儿子冒顿杀父夺位，向东打败了东胡，至西赶走了西方的"大月氏"，并且不断南侵。汉帝国建立之初，曾采取和亲政策以图维持和平、休养生息，但匈奴上层集团却屡屡破坏和约。汉武帝刘彻17岁登基。这位雄心勃勃的皇帝下决心要击败匈奴。

原在甘肃河西走廊一带居住着大月氏族，在西汉初年曾遭到匈奴冒顿单于的掠夺。冒顿之后的老上单于也侵袭了大月氏，甚至杀了大月氏王，用他的头颅作酒器。大月氏族一再向西迁徙，想报仇又苦于力量薄弱。汉武帝从投降汉朝的匈奴人那里了解到这一情况，就想联合大月氏，由他们从西面牵制匈奴，以便汉朝军队集中力量从正面出击。这样，汉武帝在建元三年决定召募有才干的人出使西域。首先应募的人是张骞。

《史记·大宛列传》中载："张骞，汉中人。建元中为郎。"就是说，他是汉武帝近旁的侍从官。与他同时应募的还有一个匈奴族人，名叫堂邑父（甘父）。汉武帝就派张骞率领100多名随行人员，由长安出发西行。

他们穿过沙漠、翻越葱岭，向西跑了几十天，终于出了匈奴的地界，来到大宛国。大宛国王早就听说汉朝是个富饶强盛的国家，很希望建立联系，只是碍于匈奴而"欲通不得"。汉朝使者突然登门来访，使他们喜出望外。国王很热情地接待了张骞，问明来意后就派向导带他们去大月氏。途中曾在康居国停留。康居位于今巴尔喀什湖和咸海之间，也就是我们在前面提到的"粟特"。张骞二人再由康居到大月氏。原来大月氏被匈奴击败而西迁后，又遭"乌孙"人袭击再迁至阿姆河流域，占了巴克特里亚的地盘，推翻了希腊人在那里的统治。张骞到这里时，大月氏还立足未久。

张骞按汉武帝的意思，建议大月氏国王和汉朝一起讨伐匈奴。但大月氏王此时已无意返回故地了。张骞在这里住了一年多，对大月氏国及其周围各国情况做了实际考察，获得了有关西域的第一手材料。他曾到大夏国去了一次。在那里见到了中国四川邛山出产的竹杖和成都出产的细布。听大夏人说，这些东西是商人从身毒（今印度）买来的。

张骞劝不动大月氏王，也只好回国了。他本想沿塔里木盆地的南侧，经由羌地返回。但中途又被匈奴扣下了。幸亏赶上匈奴内部发生纷争，有一位愿意降顺汉朝的匈奴王子希望张骞带他去长安，才使张骞又一次得到了脱离虎口的机会。到家时，已经是他离开长安的第13个年头。

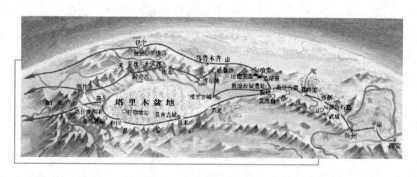

丝绸之路

这次出使探险的经历和见闻，在汉廷君臣中引起了强烈反响。因功受赏，张骞被封为太中大夫，堂邑父被封为奉使君。

公元前123年，在汉朝大将卫青率10余万骑兵迎击匈奴军的作战中，张骞以随军校尉的身份参加了战斗。他充分利用自己出使西域时获得的知识，为远走千里塞外的大军寻找有水草处，"军得以无饥渴"。战斗胜利结束后，张骞被封为"博望侯"，表明他是以广见多闻的地理知识建立功勋的。

此后，张骞实施了一项新的探险计划。他向汉武帝提出从四川寻找通西域之路的建议，认为这样可以避开匈奴在西北的控制地区。按他的判断，身毒国在大夏东南，而身毒有四川的特产，说明身毒离四川不远，所以找到从四川到西域的通路是可能的。汉武帝也很希望尽快打通一条与西域交往的路，既可联合夹击匈奴，又可获得西域各国的奇异特产，更可使汉帝国的"威德遍于四海"。他欣然采纳了张骞的主张，于公元前122年派张骞负责执行这一任务。

张骞为此制定了探险出使的计划，自己在犍为（今四川宜宾）坐镇指挥，派得力助手分5路前进去找身毒国。第一路出駹（今四川茂汶羌族自治县），第二路出徙（今四川天全）；第三路出莋（今四川汉源）；第四路出邛（今四川西昌）；第五路出僰（今四川宜宾附近）。张骞本人则打算待各路带回初步了解的情况后，再安排下一步的活动计划。

到了公元前119年，卫青、霍去病率兵消灭了匈奴的主力部队，把单于赶到了大沙漠以北。不过，汉武帝很清楚，只要汉朝不能控制西域，匈奴的残余势力还会伺机卷土重来。这时，闲居的张骞向皇帝提出一项重要建议，就是联合乌孙国，打通整个西域，堵住匈奴人重新东进的通路。汉武帝又一次批准了张骞的计划，并且任命他为中郎将，率随从300人携厚礼出使乌孙。

这一次因路上已无匈奴人阻挡，所以很顺利地抵达了目的地。乌孙国王昆莫考虑到匈奴是近邻，不好轻易得罪；而汉王朝离乌孙很远，乌孙人从未去过那里，不知道汉帝国的兵力到底有多强；再加上自己国内处于分裂局面，没有足够的力量与匈奴作对，因此，就婉言谢绝了张骞的建议，但表示愿意与汉朝建立良好的关系。

在这种情况下，张骞把副使分别派到大宛、康居、大月氏、大夏、安息、于阗、扜罙等国，然后自己也向乌孙国王辞行。乌孙国王派出数十人随张骞出使长安，带了数十匹乌孙良马以表谢意。后来，乌孙人了解了汉朝的实力，加强了来往，并与汉通婚，建立了政治上的联盟，通过联合作战，终于把匈奴人赶跑了。

张骞出使西域，与汉武帝的政策相配合，为汉帝国确立了在东亚的中心地位，也使中国人发现了一个新世界。在他出使之前，人们以为西面有"西王母"和"弱水"之类，张骞通过自己的考察提出了怀疑，司马迁和班固在《史记》和（《汉书》中也据此对《山海经》《禹本纪》中的有关记载做了否定。司马迁援引张骞向汉武帝的汇报，在《史记·大宛列传》中记载了西域国家人民从事定居农耕的有大宛、安息、大夏和身毒，以畜牧业为主的国家有乌孙、康居、奄蔡，大月氏等。从世界地理来说，张骞是一位在亚洲大陆内部的"凿空"探险家，为中西交通奠下一块重要的基石。德国学者夏德在《中国与罗马东方》一书中指出："不管在古代卓越的地理学者问关于中国流传着多么糊涂的思想，中国历史学家关于西方地理却有相当充分的知识。他们不只证实古代西方作者的一些记录，甚至在我们自己古典文献不足之处还提供了补充的知识。"如果就此论功的话，张骞是应居首位的。

张骞通西域，打开了中西经济文化交流的东半部通道。大约在公元前 105 年，汉朝派出了一个丝绸商队到达安息，出现了中国与西域之间的物产大交流。《史记》上说："汉兴，海内为一，开关梁，弛山泽之禁，是以富商大贾，周流天下，交易之物莫不通，得其所欲。"

西汉同匈奴的战争和张骞出使西域

公元 1 世纪末，官居西域都护班的班超派遣甘英使大秦（罗马）。当时，安息商人为垄断东西方丝绸贸易，不愿中国与罗马直接相通。甘英到达波斯湾时想渡海去大秦，安息西界商人吓唬他说："海水广大，往来者逢善风，三月乃得度。若遇迟风，亦有两岁者，故入海人皆赍三岁粮。海中善使人思土恋慕，数有死亡者。"甘英听了之后，就决定不往前走了。这就使中国失掉了一次直接了解欧洲的机会。

丝绸之路上的丝绸是被隔成几段转运的，陆路是从长安到今伊拉克的巴格达附近，然后转到地中海各港口，到罗马的丝绸由奥斯底亚港上岸。中国人所得之利仅限于把丝织品交给最初的搬运者为止。沿路许多国家要抽税，转运中间商要获利，经过层层盘剥，当行经一年运抵罗马时，就变成了昂贵的奢侈品。

公元2世纪，罗马与控制着丝绸之路的吕底亚发生了战争，供应亦告中断。罗马商人这时才决定自行冒险，探索直接通道。公元166年，有几位探险家沿海路抵达中国，并给汉桓帝带来了罗马皇帝安东尼的信，这是古代东西方两大帝国的最早直接接触。但由于航海路线的漫长且危险，难于实现海路直接通商，所以他们在开辟直接通商和降低丝绸价格方面并未做出多大贡献。后来虽然也存在着以中国沿海城市为始发站的海上丝绸之路，但同样有许多中间转手贸易的环节，丝绸价格也同样昂贵。

▌哥伦布发现新大陆

哥伦布（1451~1506）出生在意大利的热那亚一个商人家庭，父亲多米尼科·哥伦布是个平庸的羊毛商，母亲苏姗娜·冯塔娜罗莎，哥伦布是家里的长子。1476年5月，哥伦布作为热那亚一家商号的代理人来到葡萄牙，从此开始了他在葡萄牙艰辛而辉煌的人生历程。

这位伟大的航海探险家出生的年代正是中世纪后期文艺复兴时代，在他身上体现了这个时代的特征。他有坚定的宗教信仰，相信先验的推理方法，而且相信作为早期

哥伦布

基督教特色的"灵魂不死"的观念。可是他也爱好科学知识，富有审美感，向往新事物。他见识超人，坚韧不拔，勇敢无畏。这样他才能在一无所知的茫茫大海中航行数千千米，直至发现美洲大陆。

立志远航

哥伦布的远航探险，最初是谋求于自己的祖国热那亚以及当时意大利的一些城邦的支持。但是，这些地方，由于君士坦丁堡的陷落，丧失了对东方有利的贸易，经济拮据，颓象已呈，无力支持哥伦布。于是哥伦布转求葡萄牙国王若奥二世。若奥二世于1481年登基，当时才25岁，正是年轻气盛、雄心勃勃的时候。他想继承叔祖亨利的事业，开辟新的殖民地。

1485年的一天，哥伦布与儿子外出散步，走到圣芳济会修道院门口，恰巧遇上修道院长胡安·佩雷斯。佩雷斯十分赞赏哥伦布的主张和抱负，他给女王伊萨贝拉的忏悔神父写了一封推荐信，极力夸赞哥伦布的计划切实可行。但神父却把哥伦布看做空想家。哥伦布并不灰心，他留在科尔多瓦，靠绘制地图糊口，同时广交朋友。他的朋友之一、红衣大主教唐·佩德罗·冈萨雷斯·德·门多萨很得伊萨贝拉女王的信任。他仔细地听取并详尽地了解哥伦布对航海计划的解释之后，就把哥伦布推荐给女王。女王终于在1486年5月召见哥伦布，亲自听取他的建议。女王对这个新的远航计划倒有几分赞赏，可是她的顾问们却一味反对，加之当时西班牙人和摩尔人的战事正酣，无暇顾及这一新的问题。

1487年初，哥伦布又得到一个机会，回到科尔多瓦面见国王。虽然受到国王从未有过的恩宠，但关于他的航行计划的谈判仍无结果。1488年3月，葡萄牙国王召见哥伦布，哥伦布以为这次葡萄牙之行准能把他的计划付诸实施了。但当他于同年12月抵达里斯本时，正值巴尔托洛梅乌·迪亚士探险归来。由于迪亚士发现"好望角"而受到国王的宠信。若奥二世决定继续绕过"好望角"抵达东方的计划不变。因而，哥伦布西航的计划又被搁置一旁。哥伦布的希望再次成为泡影。1489年初他又返回西班牙。

哥伦布再次受到冷遇，心情非常沮丧。1490年2月，西班牙女王在塞维利亚接受了萨拉曼卡"贤人会议"的决议，认为哥伦布的航行计划是无法实现的。哥伦布来到塞维利亚找女王面奏，但仍无济于事。他垂头丧气地离开那里，准备前往法国寻找法王查理八世的支持。

1492年4月，当西班牙国王表示同意探险以后，哥伦布又进一步提出了要求："要是找到新地，一定要让我做该地的总督和元帅，并且要得到该地一年收入的1/10。"朝臣似乎都认为他要价太高，不禁哗然。斐迪南国王更狐疑不决，认为当时正值战后，百废待举，国库又一空如洗，主张稍缓。

这支船队的旗舰是"桑塔·玛丽亚"号，或称"加列加"号，是从桑托尼亚的胡安·德·拉·科萨手中租来的，并由科萨担任船长，这艘加利西亚式的旗舰，载重约100吨。其他两艘都没有装甲，载重50吨的"平达"号，由平松张罗并担任船长；载重40吨的"尼娜"号，是政府拨给的，由平松的兄弟维森特任船长。

首次横渡大西洋

1492年8月2日夜晚，参加远航的全体船员在教堂举行宗教仪式，3日（星期五）清晨，哥伦布告别沸腾的送行人群，登上指挥船，发出启航信号。随着三条小船扬帆驶离码头，世界历史上航海事业中最重要的一次航行开始了。

启航后，船上一番忙碌：船员们迎风扣紧帆脚索，张满帆，并卷绕缆绳。他们顾不上留意聚集在码头上的人群中妻子和母亲们在哭泣、在为他们祈祷，男人们向船上的伙伴们投去他们所担心的最后一瞥。

当帆船迎着黎明的曙光，向着陌生的大海行驶时，只有一个人满怀信心和喜悦。他就是克利斯托弗·哥伦布，他终于主宰了自己的命运。实现了多年来一直追求的远航探险的夙愿。当船队驶离帕洛斯时，哥伦布兴奋地认为，一切烦恼、困难都结束了！可是，他又一次错了。

哥伦布在"桑塔·玛丽亚"号的甲板上走着，突然他停住了脚步，前面的"平达"号可能出了毛病：它的帆收起了，船在波浪中毫无舵效速率。哥伦布命令"桑塔·玛丽亚"号快速地赶上了"平达"号。原来它的舵被冲坏了，而修理舵需要花一段时间。

他们重新返回马德拉和加那利群岛。在那里花了整整1个月的时间修理

"平达"号，并改变了"尼娜"号船的航行计划。直到 9 月 6 日，主帆上装饰着巨大的红十字的"桑塔·玛丽业"号又扬起风帆，开始向西航行。整整 1 周，航行很顺利。通过每天观察太阳和星星，哥伦布开始在他的航海图上标出船只的位置，计算着航行的距离。

就从那时起，哥伦布开始备有两本航海日志。一本用来记录每天实际航行的海里数；另一本记的航行的里格数比实际的要少。他拿后一本给船员们看，因为他不想让船员们知道他们到底离西班牙有多远了，以免他们因胆怯而渴望返回故里。

首渡大西洋

离开加那利群岛 7 天后，哥伦布注意到船上的指南针运转异常：指针没有指向北极星，而是偏向西北，他没有把实情告诉水手们，然而指南针每天都向西北倾斜一点儿。到 9 月 17 日，指针偏离正常方位太远，以致被舵手发现了。船员们马上聚集在指南针周围。哥伦布在航海日志上这样描述当时的状况："他们吓得魂不附体，沮丧万分。"没有人知道接下来会发生什么事情。

哥伦布和船员们一样，也不明白指南针为什么这样转动。但他是船队的指挥者，必须让船员们放心。他告诉他们指南针没有毛病，而是因为北极星经常运动。幸运的是，船员们相信了他。但是哥伦布自己也十分担忧，只是尽量不表露出来而已。

10 月 11 日，"平达"号上的水手发现一块雕刻的木头飘浮在水面，还有一条被哥伦布称之为玫瑰莓的树枝。这些东西比飞鸟更能证实陆地就在附近。那一夜水手们与哥伦布一样激动，他们开始觉得哥伦布许诺的财宝伸手可及。

整个夜晚哥伦布都待在船尾楼。帆收落了，这样即使前面有陆地，船也不致于在黑暗中搁浅。身后的天空渐渐呈现鱼肚白，可是西边仍是一片黑暗。他们使劲睁大眼睛，有一半水手攀上帆索，另一半水手则爬在舷墙上。忽然一个攀在"尼娜"号桅杆上的水手喊了起来："嗬，陆地！"

终于盼到了陆地。多少个星期以来，他们周围除了茫茫的大海，什么也见不着。这种受煎熬的日子要结束了！除了哥伦布，多数水手是在焦虑和恐惧中度过的——他们以为从此再也见不着陆地了。谁都可以理解这些同哥伦布一起出航的水手们，过去他们离开陆地的时间只是几个小时，最多也不过几天

发现新大陆

啊！可以想象，当他们见到地平线上的绿树时该是多么的宽慰啊！

这次航行的目的之一，是发现传说中的金岛，人们相信那里有一座纯金山。

在被命名为圣萨尔瓦多岛上，有些土著人戴着金制的小袋饰品。哥伦布设法向他们打听金子来自何处，他们用手指向南方。他们说黄金产自他们称作古巴的一个大岛。哥伦布于是起锚扬帆去寻找金子。他认为那个地方可能是日本。2个多月来，他从一个岛屿驶向另一个岛屿。他每登上一个岛，就宣布那个岛屿就归属西班牙。他既没有找到日本，也没有找到金岛。相反，他遭到一场灾难，差点把他倾注全身心的事业毁掉。

由于舵手的疏忽，在一个被哥伦布叫做圣多明各岛附近，"桑塔·玛丽亚"号搁浅了，船很快彻底报废。哥伦布只得带着船员尽力抢救物品并转

23

移到"尼娜"号上去。哥伦布把 40 个人留驻在岸边他们建造的要塞中，然后他即带领其余人起航返回西班牙。在返航之前，"平达"号已不辞而别。"平达"号的船长平松虽然热心支持远航探险，但他有自己个人的打算，平日与哥伦布已常有口角，当寻找黄金已有眉目之时，更猜忌日深。于是，便拂袖而去。

哥伦布在返航的路上屡遇风暴。他怕船毁人亡，因此写了很多材料塞在瓶子里，并于 1493 年 2 月 12 日，抛进巨浪，希望海浪能把它带到西班牙海岸。只是过了 300 多年，即 1856 年，这只瓶子才在西班牙的比斯开湾被一些水手们发现。这就是世界上第一个利用海流送信的。

哥伦布于 2 月 18 日抵达亚速尔群岛。于 3 月 4 日被葡萄牙官员押送至葡萄牙的里斯本海港。葡萄牙国王对于哥伦布的探险成功深怀敌意和妒意。他一方面隆重地款待了哥伦布，另一方面又在宴会上宣布：根据《阿尔卡索瓦斯条约》，大西洋西边发现的新大陆不属于西班牙，而属于葡萄牙。但哥伦布争辩说，他从未见过这个条约。若奥二世指责哥伦布侵犯了葡萄牙的利益，大臣们也撺掇着要杀害他。

伊萨贝拉女王知道若奥二世的要求后，大为吃惊，慌忙请求教皇亚历山大六世出来说项，若奥二世才放了哥伦布。

3 月 14 日清晨，"尼娜"号绕过圣维森特角，经过 17 年前哥伦布在一场海战后泅水登岸的地点。15 日"尼娜"在帕洛斯附近停泊。

人类历史上最伟大的 240 天远航探险到此就告一段落。哥伦布的《航海日志》关于这段时间的最后几句话还流传至今：

"我个人长时期待在陛下宫廷里，同许多宫廷要人争斗。他们反对我，断定我的计划是疯狂的。可是眼下如我所希望的，靠上帝保佑，这桩事业已有若干部分成功了。它为基督教增加了荣耀。"

第二次美洲之行

哥伦布的第二次远航探险，是从 1493 年 9 月 25 日开始的。

9 月 25 日，旌旗蔽日，鼓号齐鸣，哥伦布的船队出发了。17 艘大船，装着 1200 多名移民和 300 名水手，鼓满风帆，逶迤而行。

这次横渡大西洋，总共只花了 39 天。一路上风平浪静，信风顺水。

哥伦布没有忘记海地岛上一位老人的指点。他清楚地记得，在海地岛南面，有一个遍地黄金的岛屿。因此，他决定直接驶向那个岛屿。他把船比上次向南开了约 10 个纬度，然后再向西横渡大西洋。这条航线，正好信风顺水，航行速度很快，哥伦布就是靠了这个北大西洋的东北信风和北赤道的海流帮忙，比上次提前半个月到达美洲。这一航路的发现有重要的意义，此后，欧洲人就经常沿着这条航线横渡大西洋。

1493 年 11 月 3 日，哥伦布驶到大西洋彼岸的"岛屿丛中"。这就是现在的小安的列斯群岛，它和大安的列斯群岛一道，勾画出加勒比海的轮廓。

哥伦布首先抵达多米尼加岛。上岸那天，正好是星期日，哥伦布便将此岛命名为"星期日岛"。

接着，哥伦布挥舟南下，在向风群岛一带的马提尼克岛、圣文森特岛等地来回行驶。在此期间，哥伦布还发现了格林纳达和巴巴多斯两个岛。据说他没有上岸。格林纳达岛，形状很像石榴，西班牙语的"格林纳达"就是"石榴"的意思。哥伦布发现这里的印第安人都在田间劳作，庄稼长得也很好。他还遇上了一些独木舟，发现驾舟者怀有敌意。

接着，哥伦布又调转船头往北驶去，到了瓜德罗普岛。该岛有"加勒比海项链上的一颗宝石"之称。瓜德罗普，在西班牙语中是"没有丈夫的女人岛"，这个稀奇古怪的名字是哥伦布起的。

离开瓜德罗普岛以后，哥伦布一行在背风群岛一带驶来驶去，相继发现了蒙特塞拉特岛、安提瓜岛、圣马丁岛等。他们登陆后，发现岛上的农作物长得很好，岛民相当强悍，为此吃了不少苦头。哥伦布还根据西班牙的著名教堂、修道院的名字为这些岛屿一一命名。

接着，哥伦布跨过阿内加达海峡，到了维尔京群岛。这里的岛屿星罗棋布，美丽娴静得像徜徉在碧海中仰泳的少女。有人问，该给这些岛屿取个什么名字呢？哥伦布说，这些荒无人烟的处女岛，数也数不清，难以一一命名，就叫"一万一千个处女岛"吧！"处女"在西班牙语为"维尔京"，后人就称它为"维尔京群岛"。

1496 年，他在那里建立了美洲第一个永久性殖民地——圣多明各。哥伦布把移民草率安排之后，又重新开始探险活动。这次兵分两路，一路由他亲自率领，另一路由阿隆索·奥赫达领导。在新的世界举行了第一个宗教仪式之后，就立即出发了。

维尔京群岛

哥伦布自己继续航行，深入内地，在一个名叫伊尔戈斯（即君子之门）的小山谷中，他们第一次窥见了西复的韦加·雷亚尔（意即"富丽的平原"），这是哥伦布给它起的恰当的名字，直到今天还沿用着。

他们一路接受土著人给他们的丰盛礼物。可是印第安人不懂得为什么西班牙人总是不让他们分享一些士兵的装饰品作为回报。哥伦布让印第安人背过北亚克河后，就筑起了他的另一座城寨圣托马斯，并搜罗了许多金块。回程花了29天，但由于黄金的鼓舞，他们能够忍受艰辛，"强壮而又健康"。

1494年4月9日，探险队第二次从伊萨贝拉城出发继续探险时，又与印第安人发生了一次冲突。

牙买加岛

4月24日，哥伦布把他的弟弟巴托罗苗和博伊尔神甫留下看管伊萨贝拉城，自己率领三艘风帆船继续航行。

4月27日，哥伦布发现了现在的牙买加岛。

牙买加气候宜人，阳光明媚，山谷、溪流遍布全岛。当地人称它是"泉水和溪流的地方"，音译就叫"牙买加"。

哥伦布初到牙买加时，当地土著人并不惧怕他们，而且很乐意把自己带来的东西给予基督教徒，只要他们需要。

但是，哥伦布及西班牙人对这种友谊毫不理会，他们一如既往，只知道黄金和掠夺，这就激起了印第安人的反抗。

哥伦布于1494年8月9日离开了牙买加。在历经艰险之后，于8月20日看见了海地的南半岛。沿着海岸往西去雅克梅尔湾，他认为这一定又是埃斯帕尼拉了。月底，哥伦布发现了该岛最南端的阿尔塔·贝拉岩。6天之后又发现了圣多明各湾的埃纳河口，他从那儿马上派信使向住在伊萨贝拉城的殖民队报信。接着，哥伦布继续沿着还未探索过的南岸向东航行，发现了绍纳岛——多米尼加共和国最大的外缘岛屿。

正当哥伦布从恩加尼奥角改变航向，去搜索加勒比人为奴隶以代替黄金运回国内时，他突然患了昏睡症，同死人一般。船队会议立即决定放弃掠夺波多黎各的计划。9月29日，在伊萨贝拉把哥伦布送上了岸。

1494年12月9日，一批船只先行驶返西班牙，由于很多船员受过哥伦布的惩罚，怨气未消，遂大肆诽谤哥伦布，给以后的远航探险带来无穷的障碍。

在1495年1月3日西班牙人与土著人之间的一次决定性战役中，印第安人被哥伦布彻底击溃了。这场毁灭海地印第安人的战争，足足打了9个月，可谓惨绝人寰。

然而，哥伦布的坏运气已被注定，无法改变。

1495年8月，伊萨贝拉女王听信了谗言，显然对哥伦布这个人心怀疑惧了。她违背与哥伦布达成的五条协议，颁发了一道敕令，准许其他人也可以到"西印度群岛"去开采黄金，而将收入的2/3上交国库，并派大臣阿瓜多前去"慰问"，以了解真情。阿瓜多是个得势便猖狂的小人，来到海地以后，便以总督自居，一些人又如蚁附膻地依附了他，群起攻讦哥伦布。哥伦布估计来者不善，但起初还未介意。稍后，分歧越来越大，终于被迫于1496年3月10日，带着225名随行人员和30名印第安人返回西班牙。

第三次登陆美洲

1498 年 5 月 30 日，哥伦布开始了他的第三次远航探险。

这次航行，哥伦布率领 6 艘征帆，从加的斯西北的散鲁加出发。他下令 3 只船带齐粮食补给及一些仪器、机械、种子等物，直接前往海地，其中一只船由他的妻兄斐德罗率领。其余三只船由他亲自率领，选择一条更南的航线西行，先驶抵佛得角群岛，然后再向西南航行，直到南纬 5°～10°，才转向西北前进，使整个航线几乎处于赤道之内。一路上倒也风平浪静，只是几乎所有人的脸面都像黑色的面包干一样，有时几乎渴死。

在赤道的海面上，哥伦布足足煎熬了 2 个月，受尽了艰辛和埋怨。然而，在困难面前，他说："劣境而为大事者，不孤注一掷，不得已也。""成大功者，非有破釜沉舟、背水一战勇气不可。"

1498 年 7 月 31 日，哥伦布发现三座大山并立在一个岛上，这就是现在的特立尼达岛。这个名字是哥伦布起的，意思是三圣——圣父、圣母、圣子一体岛。

次日，哥伦布停船靠岸。这时，有一大批独木舟围拢过来。这些独木舟上坐着 24 名武装"士兵"。据哥伦布记述："他们很年轻，而且体格健壮。比我在印度群岛看到的土人都白些。体形很优美。他们的头发长而软……头上缠着经过精良加工的各种颜色的棉纱头巾……有几个人用这些头巾围绕腰身，代替裤子掩着身体。"

哥伦布没有对这批特立尼达人多加理睬，他无心寻风问俗。他一心追求的只是黄金。他只在一个他称为加莱拉的港口略事休息，修理船只，便不辞辛劳地到处搜集金矿的情报。他看见许多人脖子上都佩戴金镜，但都无意出售或赠与。

在此期间，他还发现了多巴哥，但没有上岸。多巴哥的名称由"淡巴菰"（即烟草）转讹而来。由于哥伦布没有上岸，所以它一直保持着这个印第安人的名字。而特立尼达由于哥伦布的忽视，直到 1530 年，西班牙才从波多黎各派去一个名叫塞登诺的总督，进行殖民统治。

没有更令哥伦布满意的发现，在失望之余，又发现了委内瑞拉。

委内瑞拉这个名字是以后意大利的亚美利哥—韦斯普西起的。他看到这一带海岸非常奇特优美，而当地印第安人的房屋，又建于架在山中的木桩上，背靠蓝绿的大海，很像意大利的威尼斯城，便将它叫做"委内瑞拉"，即"小威尼斯"之意。

当哥伦布发现此地时，他误认为是一个岛屿，就将之命名为"伊斯拉·桑塔岛"，意即"圣岛"。而 1499 年，奥赫达则称之为"马拉开波"，意即"陆岸"。

哥伦布在委内瑞拉并未多加逗留，随即穿过了他命名的"谢珮尔海峡"，摸清了把委内瑞拉和特立尼达隔开的这个海峡的险要之处。100 多年以后，即 1637 年，一个荷兰人在他写的报告中说："西班牙人在穿过德拉贡海峡（即谢珮尔海峡）之前，许愿要向圣安东尼做一场弥撒，求他保佑过关。今天当人们读到这一段时，也就很容易理解哥伦布船队多年在那样的险道上所遭到的种种困境了。"

8 月 13 日，哥伦布发现了库马纳和玛格丽塔岛。那里的印第安人在颈上、胳膊上戴着一串串珍珠，而且毫不吝啬地送给登岸者们许多。因此，哥伦布把那里称之为"珍珠岛"，音译即"玛格丽塔"，而库马纳一带就称为"珍珠海岸"。

当哥伦布沿着整个委内瑞拉海岸航行之后，他已确信找到了一块大陆，他已来到了"人间天国"。

哥伦布在这里不但为珍珠宝气所眩惑，他还偶然地发现了这里的海水是淡的。

原来，当他穿过谢骊尔海峡时。天气很热，船员中发生了武斗。一名船员被抛入大海。他在海里喝了几口海水后，突然高喊："淡水！淡水！"，哥伦布接连打了几桶尝尝，都是淡的。这一海上甘泉的发现，更使他相信已经到了所谓的"人间天国。

由于哥伦布误认为已到了"人间天国"，所以在 1498 年 10 月他给西班牙国王写了一封信。信中说：帕里亚湾就是东方的尽头，《圣经》上所说的"人间天国"一定在帕里亚湾的内地。他认为，地球并不是像人们所说的那样的一个球体。通过对海洋、陆地、河流的考察和计算，他证明，地球的形状"像一个梨，除了向外突出的颈部，形状是圆的，或者说是像一个非常圆的球，球的一面好像女人的奶头，奶头或茎部是最高头，也就是和天最为接近的地方"。帕里亚湾的淡水就是从乳头上奔流入海的，而乳头"就是人间天国的所在"。他到了帕里亚湾，实际上已接近乳头，即接近于亚当和夏娃的老家伊甸园了。哥伦布的这一新见解，历来为人们所指责。

第四次美洲探险

根据各方面的情况及以往经验，哥伦布相信，在他新发现的地区和中国、日本之间隔着一个大陆，日本不在海地，中国不在古巴，亚当和夏娃的伊甸园也不在那个乳头上。他还记得，在加勒比海的西部海域，从古巴到达连湾这一大片地方尚未探察。

于是，他就用这个题目再次向伊萨贝拉建议做一次探险。哥伦布相信，这一次一定能够找到一个海峡通往中国，而马可·波罗就是通过这个海峡从中国回到欧洲的。

1502年2月26日，哥伦布开始准备第四次远航。5月11日，哥伦布率领4只帆船和150人开始了第四次即其最后一次远航探险。

行前，伊萨贝拉送给他2000枚金币，并命令他除正式占领所发现的一切地方以外，要特别搜罗黄金、白银、珍珠、宝石和香料等财富。此外，还告诉他，他所发现的"印度群岛"加了一个"西"字，称为"西印度群岛"，并同意哥伦布对土人的称呼，叫做"印第安人"。

这一次航行中，哥伦布3兄弟、连同他的小儿子斐迪南也一同前往，但送行者却寥寥无几，凄凉冷落。

6月29日，哥伦布的船队抵达"神秘的魔三角"。"神秘的魔三角"又称"百慕大三角区"、"死亡三角区"，是指北至百慕大群岛，

神秘的百慕大

西至佛罗里达海峡，南至波多黎各的一片海域。这个三角形的海域每条边长约 2000 千米，是哥伦布探险的必经海区。

1492 年，哥伦布首次横渡大西洋，穿过沙尔加索海去新大陆时，他发现，经过这个海区时磁罗经的指针有异常变动，它所指的已经不是真正的北方，而是从真正的北方向西北方向偏离了 6°。哥伦布从这里第一次发现了磁罗经的磁差，并将之记载在航海日志上。

这一次，他们抵达这一海区的时候，又发现这里的气候变化异常迅速。分明是烈日高悬、晴空万里，一瞬间却乌云密布、狂风怒号、波涛汹涌。哥伦布是一个老练的航海家，但从未见过这种景观。他这样描述了当时的情景："波浪翻滚，一连八九天，我两眼不见太阳和星辰……我这辈子见到过各种风暴，可是从没遇到过时间这么长，这样狂烈的风暴。"

这些历史上最早关于"神秘的魔三角"的记载，当时并未引起人们足够的注意，而被简单地看作是一些偶然性的情况。然而，以后这儿就频频出事了。近 70 多年来，在此地区有 100 多架飞机和船只被"蒸发"，有数以千计的人丢掉了生命，最令人惊奇的是人们从未找到失事者的一点遗迹。直到目前为止，"神秘的魔三角"仍然是令人恐怖的地方。

现在，可以谈谈奥万多归航的故事了。奥万多到海地不久，就大发横财。一天，万里无云，真是好天气，他准备催船出发。

哥伦布在海地略为休整之后，5 月 11 日，率领 4 艘船继续西航探险，目的是实现他找寻一个海峡，以便做环球一周的打算。当然，还有搜罗黄金的欲望。

此行，他基本上是在他所谓的"黄金半岛"，即中美洲和南美洲的大陆沿岸航行的。他在这里转游了将近 1 年。

在哥伦布到达之前，美洲原已有许多土著部落。有人估计，他们的总人数约有 4000 万，语言和方言足有 1700 种之多。这些土著居民，遍布整个西半球：在西印度群岛有加勒比人、泰诺人等；在北美有爱斯基摩人、阿留申人、易洛魁人、克里克人等；在墨西哥和中美洲有阿兹特克人、玛雅人等；在南美大陆有奇布恰人、印加人、瓜拉尼人、恰鲁亚人、阿拉乌加尼亚人等。

当时，哥伦布误认为他所到达的地方是印度，所以将当地原有居民称为"印第安人"。从此，"印第安人"就成了美洲所有当地土著居民的代名称。

1502 年 8 月初，在加勒比海的瓜纳哈岛上，哥伦布发现南方隐约有山脉，便断定那儿有陆地。结果在 8 月 13 日，他发现了洪都拉斯。

洪都拉斯森林茂盛，水果甚多，一向以"香蕉之国"驰名于世，有色金属丰富，年产白银 100 吨以上，黄金产量也不少。这里还有一种奇特的蝴蝶，它能制服小鸟，且和候鸟一样，春天从洪都拉斯飞到加拿大，秋天从加拿大飞回洪都拉斯，航程约 4000 千米。

哥伦布刚到此处时，此地原名"瓜伊穆拉"，是以一个印第安人的部族命名的。以后，改名为洪都拉斯，其中却有一段故事。

原来，此地海水甚深，海流湍急，而且常刮逆风，使哥伦布一行开始时无法登岸。上岸后，他们声称"终于跳出了无底的深渊"，于是，哥伦布便称此地为"深深的海洋"，西班牙语音译为"洪都拉斯"。

9 月 14 日，哥伦布发现了"神恩角"。"神恩角"现名格拉西亚斯—迪奥斯。这个名字也是哥伦布取的。他在洪都拉斯未圆黄金梦，以后又遇到了不少险境，特别是他知道了小儿子斐迪南身罹重病，更使他五内俱焚、愁病交加，正如他所说的"数度濒于死亡"。到了此地，为了感谢上帝在那样险恶的形势下把他安全送到，于是，他就起了此名。

接着，哥伦布便发现了尼加拉瓜。

尼加拉瓜这个名字是根据当地印第安人尼可罗部族的音译演变而成。这里是巧克力的故乡。可可最早就产自尼可罗人之手。他们不但将其作为可交换的媒介，而且将其烤熟磨碎，做成各种

尼加拉瓜

食品和饮料。以后，可可便传到墨西哥，墨西哥人用它调制成一种饮料，称之为"巧克力特尔"，这就是巧克力一名的由来。现在英语中，巧克力一词就是从印第安人的语言中来的。

在尼加拉瓜，哥伦布结识了奎必恩酋长。据哥伦布说，奎必恩曾吩咐印第安人带他们去遥远的矿区，他们上岸后不久就发现几处金矿。奎必恩还说，在他自己的领域内，如果有人要黄金，在10天内就可获得大量黄金。

在尼加拉瓜，哥伦布沿着莫斯托海岸探险之后，到了卡里小村。在这里，他换到了几个印第安人，充当他南行的翻译。原因是，这里语言十分复杂。这几个印第安人伴随他们走出了腊马人的地区，到了圣胡安河口的卡里阿里时，就同他们分手了，声称他们已到达了这个"国家"的边界。

大约是8月15日，哥伦布发现了"哥斯达黎加"。

哥伦布大约是在现今的利蒙港登陆的，呆了17天。到达时，发现这里人烟稠密，金饰甚多。这里的加勒比人非常好客。他们见了哥伦布，既有点儿害怕，又有点好奇，而酋长则按照习俗，为了对客人表示尊敬向哥伦布呈献了2个健美的印第安人少女。后来，哥伦布退还了这2个少女，加勒比人也退还了他的礼物。此后，哥伦布即离开了哥斯达黎加。

哥伦布为了寻找通往中国的海峡，在巴拿马转游了好久。

哥伦布在巴拿马的奇里基湖畔打听到有一个叫做"西加雷"的地方有大量黄金，他深信这里离印度不远了。为了寻找西加雷这个黄金宝地，哥伦布来到莫斯基托湾的费拉瓜河与贝伦河口，并在此修了一座寨堡。不料，印第安人对他发动猛烈攻击，这个寨堡不久便被焚毁了。

哥伦布离开巴拿马以后，就到了现在的哥伦比亚的达连湾。哥伦比亚这个名字是19世纪初，哥伦比亚独立时，为了纪念哥伦布而命名的。然而在这样一个地方，哥伦布却一涉足就离开了。可能他认为，此地于第三次远航时已到过，该地的风土人情和巴拿马相仿。

1503年6月24日，哥伦布一行在返航途中被巨风吹到了牙买加。这一次，他在这个孤岛上被困守了整整1年之久，直到1504年6月28日才离开。在这个远离欧洲、远离故乡的孤岛上，哥伦布写了一封著名的《致西班牙国王和王后书》。这封信回顾了他毕生的经历，充分流露了他的"壮志凌云英雄迟暮，追求黄金徒作走卒"的悲愤心情。他说："20年来，历经艰辛、危险的航海生活，并未使我得到丝毫利益。直到今天在西班牙还没有我的住宅。我的饮食起居都是在客栈或旅馆，别无他处可去，而且我多半的时间是无法付帐的。而今我已满头白发，我的身体孱弱衰老……而蒙辱至此，可谓极矣。"他要求国王"恢复我的名誉，偿还我的损失，惩罚加害于我的人……"

由于与海地总督奥万多之间的深刻矛盾，1504年9月12日，哥伦布作为一个"不受欢迎的客人"离开了圣多明各，11月7日抵达西班牙。

这最后一次航行，出航时，哥伦布的远征队有150人。返回时，仅剩下一半，另一半淹死、病死或战死。出航时，哥伦布所征集的4艘船全部覆没，返回时，只好租了别人一艘船，任务没有完成。可是，他在写给女王的一封信中却硬说："我于5月13日到达蛮子省，那就是中国的一部分。"在另一封信中又说，他到了"大汗"国境，如果能活着回到西班牙，他就要带领一帮人去"开化"中国人信奉基督教，云云。在这一点上，他真是至死不悔、顽固无比。

哥伦布回到西班牙时，伊萨贝拉已经气息奄奄。这位善于用青草和钢鞭驾驭烈马的西班牙女王基于封建主和资产阶级的利益，她统一了西班牙，在她执政期间，西班牙成为最早的一个海上强国和殖民地宗主国。

1505年，困苦难熬的哥伦布，又强打精神去见斐迪南一世。他申诉自己的困境，要求发还财产，并再次要求落实伊萨贝拉的遗旨，支持他继续探险。斐迪南断然拒绝了他的一切要求。哥伦布已经无望了，只好如怨如怒地说："既然陛下违背女王的谕旨，那我也不必争执了。好在上帝保佑我，让我完成了这样一项事业，我死也可以瞑目了！"从此他就匿居于一个小村镇上。

1506年5月20日，哥伦布在没有权力、没有荣誉、没有财富的困境中凄凉地死去。临死前，他还惦记着在牙买加那些与他共患难的水手，断断续续地说："他们历尽艰险……可是如今却仍然一贫如洗。"但是，却没有一个人为他一洒同情之泪。他死得这样无声无息，直到1543年，才在一个官方的简短记事中提到：被"称为海军元帅的那个人去世了"，甚至他死在什么地方，还要历史学家加以考证，才弄清楚。

哥伦布死了，但是欧洲人对美洲的探险和殖民活动并没有停止。

马可·波罗东游

公元 1206 年，铁木真已成为蒙古的大汗，号为成吉思汗。"成吉思"源于土耳其语，是"海洋"的意思。按着蒙古人的世界观，认为世界是个一望无际的平地，四周为大海所包围，"成吉思汗"就是一统海内的世界之王。这位"一代天骄"及其后继者们乘东西方世界处于混乱空虚的历史时机，在不算长的时间内，用铁和火横扫了当时已知的大半个世界。

成吉思汗于 1219 年秋率 20 万大军入中亚，摧毁了控制中亚、伊朗和阿富汗的花剌子模国，然后以先头部队越过高加索山进入顿河流域草原地区。1235 年，成吉思汗的孙子拔都率军远征欧洲，先后摧毁了莫斯科、基辅，以后进入匈牙利、波兰境内，打败了波兰、德意志和条顿骑士团的联军，攻掠了亚得里亚海东岸及塞尔维亚和保加利亚领土，建立了钦察汗国（即金帐汗国）。"蒙古人所经之处必定留下灾祸"这句话已传遍了整个欧洲。

成吉思汗

1243 年，罗马教廷选出的新教皇音诺凯吉乌斯，非常关心蒙古问题。他在力主备战的同时，又派遣 2 支使团去蒙古帝国首都和林劝蒙古人停止杀戮和信奉基督教。由卡毕尼率领的使团从里昂出发，行程 5500 千米到达了和林，获得了有关蒙古社会的法律、政治、军事以及风俗习惯等方面的详细资料。但不可一世的蒙古大汗（成吉思汗之子）虽然接待了卡毕尼，但却不仅拒绝接受基督教，还要教皇亲自来拜见他。

在卡毕尼之后，又有法兰西斯可教派的修士鲁布鲁克等出使蒙古。在阻止蒙古人进攻方面也毫无成绩。只是因为蒙古人忙于帝国内部的急务和准备征服穆斯林世界，欧洲才没有遭到进一步的蹂躏。1253～1259年，旭烈兀率兵征服波斯、两河流域，在亚洲西部建立了伊儿汗国。

蒙古人在自己控制的版图内，建立了四通八达的驿站交通制度，

马可·波罗

中断了6个世纪的丝绸之路（公元7世纪时，阿拉伯人封锁了这条道路）重新开放了，海上贸易也在宋代的基础上进一步发展起来。东西方贸易呈现出自罗马帝国以来未曾出现过的繁荣景象，也加速了欧洲人认识中国的进程。

欧洲人认识东方的接力棒从历史学家、征服者、传教士和使节团的手中传到了商人手中。在众多只有1岁的婴儿中，马可·波罗生长在威尼斯，从小就熏陶在浓重的商人和旅行家的气息之中。爸爸和叔叔回来向他讲述的在外经商旅行的见闻，引起了他的羡慕和向往。他也想做一名商人，漫游东方。1271年，马可跟着父叔踏上了非凡的旅程，正是这一年，忽必烈定国号为元。

尼古拉兄弟把忽必烈的要求转达给新上任的教皇，他们又被任命为教皇的使节去见忽必烈，还带上2位传教士，企望忽必烈能听信他们的说教而信上帝。这2位胆怯的传教士没走多远就因埃及人与亚美尼亚人交战的阻碍折回了。

波罗一家 3 人从刺牙思沿着被荒凉的群山包围的大平原前进，一天走 30 千米，到达伊朗南部的费尔曼，再向波斯湾的东面尽头霍尔木兹前进。

到霍尔木兹后，他们本想由海路到中国，但发现当地的船只不坚固，就放弃了这个计划，又折回克尔曼，穿越 150 千米长的沙漠地带，越过伊朗高原，从巴尔赫城南方进入帕米尔高原和兴都库什山山地。在海拔 4000 米的高寒地带经受了严寒、饥饿和患病的考验之后，他们到达了喀什城，再沿塔克拉玛干沙漠西缘到莎车。马可·波罗发现当地人患有因缺碘引起的甲状腺肿大。到这时为止，波罗一家从霍尔木兹算起，走了大约 4000 千米的漫长路程，其中几乎全是沙漠和高山。这已几乎纯粹是探险了，至少马可·波罗是很怀疑这条路线的商业价值的。

他们又乘牛车在沙土上行进了 5 天，到了罗布城，接着穿越了容易产生各种可怕幻觉的戈壁滩。不过，一到敦煌就上正路了，终于在 1275 年到达了忽必烈避暑所在的行宫上都（今内蒙古多伦）。

忽必烈见到老波罗，非常高兴，对他们携带的礼物、教皇的信函以及从耶路撒冷带来的圣油都很感兴趣。尼古拉把儿子马可引见给忽必烈，立即就得到了信任。马可被任命为侍从，很快学会了蒙古语、土耳其语、波斯语，也学会了一点儿汉语。他兴趣广泛，求知欲强，做事谨慎认真，曾多次被委以特殊使命，先后到过东南亚一些国家。在 1277 ~ 1280 年，马可离开京城，经由河北、山西，过黄河入关中，逾秦岭至四川成都，再到建昌，经过西藏，再渡金沙江抵昆明。后来又游历了江南一带，淮安、扬州、南京、苏州、杭州，福州、泉州等城市都有他的足迹。

忽必烈

马可在朝中居住时，深知忽必烈对各地的奇风异俗、方物特产很感兴趣，各处使臣常因不能回答忽必烈提出的各种询问而受到责备。所以，马可在各地游历时，特别留心观察和采访，回来后详细汇报，因此，深得皇帝的欢心。

忽必烈位居帝国权力的巅峰，也处于蒙古贵族奢侈豪华的巅峰。马可·波罗目睹了"上都"猎宴、忽必烈"万寿日"的盛况和大都宫殿的富丽堂皇。他说，每天约有 1000 辆牛车运丝绸进京城；忽必烈的宫殿，外墙用大理石筑成，高屋顶的正殿"全部用金银雕饰"。这位皇帝的周围简直就是金银、珠宝、貂皮的世界。据说忽必烈赐给 12000 名骑士每人一件金丝外衣，一年举行的 13 次盛典又赐予他们共 15 万 6 千套衣服，都镶着珍珠、宝石等。马可·波罗无从了解这些财富的来源，误认为是忽必烈操纵货币发行而得。

波罗一家虽然备受恩宠，但他们还是想在有生之年回到祖国，再加上忽必烈当时已 70 岁，马可在忽必烈死后的宫廷之争中的命运也成问题，所以他们决计回国。

到了 1286 年，伊儿汗国的王妃去世，来使请忽必烈赐婚。忽必烈选了一位公主并派马可·波罗护送，因为他知道马可出使过南洋，熟悉海上交通情况。他允许波罗一家顺路还乡看一看，但要他们还回到中国来。

忽必烈为马可·波罗一家饯行并赐以厚礼，请他们带上给罗马教皇和基督教诸国国王的信函和礼物。1292 年，送亲队伍离开大都，沿大运河南下，在泉州海岸扬帆远航。这一支由 13 艘船组成的船队，利用冬季信风，经苏门答腊、斯里兰卡、马拉巴尔海岸，直至波斯湾的霍尔木兹。据说在海上遇到了很多风险，到波斯登陆时，只幸存 8 人。

3 位威尼斯人完成送亲任务后继续西行，于 1295 年回到了阔别 20 年的家乡。

马可·波罗少小离家老大回，受到了邻里乡亲们的热烈欢迎。他们一家漫游东方的消息轰动了威尼斯，从社会名流到一般市民都来争相看望他，听他讲"海外奇谈"。这一家子带回的珠宝奇珍也使这个商业共和国的公民们心驰神往。

1298 年 9 月，威尼斯与热那亚爆发了一场战争。马可·波罗为保卫自身和共和国的利益，自己出钱装备了一艘战舰参加战斗，亲自担任舰长。但战争遭到失败，他本人受伤被俘，下到热那亚的监狱中。尽管如此，监内监外仍不断有人找他谈东方的事情。他本人也借此消磨时光。狱中有一位比萨的难友鲁恩梯谦是位小说家，他把马可·波罗所讲的，用法语记录下来，整理成《世界奇谈》，后来有人译为《东方见闻录》或《马可·波罗游记》。

过了 4 年的狱中生活，马可·波罗获释回家。他在威尼斯结了婚，继续经商，但未再远游。《马可·波罗游记》于 14 世纪初问世时，欧洲尚无印刷术，人们争相传诵、辗转抄阅和翻译，后来竟有五六十种版本。由于书中所记的地理、方物，史事等超出了欧洲人的常识，人们尤其不相信东方还有什么高度文明的国家，以至有的学者竟怀疑马可·波罗其人其事的真实性。在马可·波罗弥留之际，亲友竟为他"撒了弥天大谎"而动员他忏悔，他坚决地拒绝了，并郑重声明："书中所写，还不及我见到的一半！"

1323 年，马可·波罗在将近 70 岁的时候逝世了。当时的人们并不了解他一生的价值，连他自己也不了解。马可·波罗用东方的黄金"引"出了地理探险的黄金时代！

■ 麦哲伦环航地球

葡萄牙早期的著名航海家费尔南多·麦哲伦是地理大发现时期的一个重要人物。他领导的船队完成了人类历史上第一次环球航行，无可辩驳地从实践中证明了地圆学说，对扩大人类的地理知识做出了重要贡献。在地理大发现、远洋探险的年代里，欧洲人为了探索一条由西欧直达印度和中国的新航路，进行了多次远洋探险。达·伽马率领的葡萄牙船队绕过非洲东进，终于开辟了新航路。哥伦布率领的西班牙船队横渡大西洋西行，无意中发现了"新大陆"——美洲。麦哲伦和他所领导的船队，继承了东、西航行的成就，并向前推进了一步，完成了环球航行。

青年时代的麦哲伦

费尔南多·麦哲伦，大约在 1480 年出生于葡萄牙北部一个名叫庞提达巴尔卡的村庄的一个贫穷的骑士家庭。他生活的时代，正是西欧各国，首先是葡萄牙和西班牙两国积极向海外扩张、从事海外航行和探险的时代。那时候，西欧的一些航海家和探险家，在中央集权的封建国家的支持下，抱着寻求黄金、香料、丝绸以及占领海外殖民地和市场的目的，努力探索一条到东方去的道路。麦哲伦的环球航行也是在这个前提下实现的。

麦哲伦

达·伽马的远航（1497～1498）是在哥伦布发现"新大陆"以后进行的。相信地圆学说的哥伦布一直认为他所发现的地区就是印度，但是哥伦布却不能从大西洋彼岸带回西班牙国王所想要的巨大的东方财富。与之相反，1499 年，达·伽马返航时，不仅获得 60 倍的纯利，而且由于直达印度航路的开辟，使得葡萄牙发生了巨大的变化，首都里斯本比以前更加繁荣了，成为可以与意大利的威尼斯、热那亚相匹敌的国际性商业城市了。

萄萄牙的暴利主要是靠兵船、大炮巧取豪夺而来的。为了继续获得并扩大这种利益，葡萄牙国家着手组织更大规模的海外远征队。大批的商人、传教士和冒险家都争先恐后地要到东方国家去。在国家航海事务厅里，麦哲伦和其他年轻人一样，在获取东方财富和远洋探险荣誉的愿望下，曾要求直接参加远征队。1500 年，葡萄牙航海家卡布拉尔率领 13 只船循着新航路驶向印度，途中遭遇风暴，被吹送到现今南美的巴西。

1502 年，达·伽马再次远航印度。麦哲伦又没有得到这次远征的机会。但是，在这一段时期，麦哲伦由于工作上的便利，进一步掌握了驶向"新大陆"、非洲、亚洲的航海地图、航向、航线等材料。例如卡布拉尔远征的材料和达·伽马第二次到印度的报告，都比过去更加详细和丰富得多。麦哲伦熟悉了这些材料，对他以后拟定自己的航海计划是非常重要的。

1505 年，身材矮胖结实的麦哲伦终于获得了参加远征队的机会，开始了他毕生从事的远洋探险事业。

1505～1512 年，他先后参加了由葡萄牙派往印度的第一任总督阿尔梅达和第二任总督阿尔布凯尔基统率的远征队。作为一名普通水手，在前往印度的沿途航行中，麦哲伦参与了葡萄牙的海外扩张的殖民活动，在海战中，他多次身负重伤。1510 年初，在阿尔布凯尔基决定对科琴以北的卡利库特城发动突然性的袭击的攻城战斗中，麦哲伦再一次受了重伤。因为在印度已经先后 3 次受伤，麦哲伦发誓永远离开印度。

达·伽马

1510 年春季，麦哲伦在返回葡萄牙途中因船只触礁，不得不继续留在印度。原来这次由科琴开往葡萄牙的 3 艘船中，有 2 艘船包括麦哲伦乘坐的 1 艘在内，在离印度海岸几百海里的巴杜恩砂洲触礁沉没。于是，2 条船上的全部海员都被困留在一个狭小的礁岛上。船上领头的人私下打算丢下水手、士兵不管，自己乘小舟回到岸上去。麦哲伦得知后坚决反对，后来他和许多船员虽被留在礁岛上，但是他们迫使乘小舟回岸的人保证到科琴后立刻派船只来救援。在礁岛上，麦哲伦以他的镇定和沉默影响着全体海员。这样在煎熬中度过了一天又一天，他们终于克服了缺乏淡水、粮食以及阳光灼热等等困难，一直盼到了救援的到来。在这以后不久，麦哲伦被提升为船长。

麦哲伦回到科琴后，于1512年和1513年初，在苏门答腊、爪哇、马都拉、西里伯斯、比鲁、安汶和班达群岛等地进行了探索和游历。在葡萄牙征服了马六甲之后，麦哲伦的老友弗朗西斯库·谢兰继续在阿尔布凯尔基所派遣的远征队中向摩鹿加群岛（今名马鲁古群岛）——香料群岛前进。比朗西斯库·谢兰并从此永远留居在富庶的干那底岛。麦哲伦虽然没有直接到达他的老友那里，但是通过书信往来，关于群岛上盛产各种香料，从马六甲前去的航线、风向以及所需的时间等等情况，他还是知道得很清楚。从通信中，麦哲伦还知道摩鹿加群岛以东是一片汪洋大海。这一点给了麦哲伦重要的启示，因为他相信地圆之说，也熟悉哥伦布的发现，他很快就联想到经过这个海，距摩鹿加群岛不远的地方，应该是哥伦布从欧洲西航所发现的土地。这种联想，对于他后来拟订自己的航海计划是很重要的。

1513年，麦哲伦终于回到了里斯本。

几年来，故国的首都又有了很大的变化。码头上吵吵嚷嚷，人们忙着从成百艘船上卸下从东方运来的货物。沿德古斯河口，又兴建了不少巨大的仓库。街道上的商业贸易比以前更显得繁荣和兴旺了。在古老的教堂和建筑物的旁边出现了不少华丽的住宅和店铺。葡萄牙国王的新宫殿也建起来了。

里斯本古老的教堂

富贵人家的衣着多采用东方的丝织品，更为城市披上了一层华贵的色彩。映入眼帘的这一切变化，使人们自然得出如下结论：葡萄牙的兴盛，里斯本的繁荣，都是海外远征队成员在香料、黄金、殖民地和市场的引诱下流血流汗的结果。基于这种认识，麦哲伦曾希望从王宫那里得到相应的报酬，但是，他得到的回答却十分冷淡："您离开得太久了，陛下已经记不得您，不认识您了。"受到这样的冷落，麦哲伦在里斯本只逗留了 2 天就回到北方故乡去了。故乡的亲友对这个海外漂泊数年赤贫而归的人也并不欢迎。

麦哲伦在东方度过了漫长的 8 个年头，虽然财富和国王的封赏对他无缘，但是这 8 年的海洋生活和不断的征战，使他学会了航海方面的各种本领，熟悉了东方的许多事物。这些，为他后来制定自己的远大计划，创造了极为有利的条件。

环球航行开始

正当麦哲伦在葡萄牙接二连三地遭到挫折的时候，不断传来"新大陆"上新发现的消息，这对有着丰富航海经验的麦哲伦来说，自然具有很大的鼓舞力。

麦哲伦当时已迁居到波尔图。在那里，1515～1516 年，他开始把自己酝酿已久的航行愿望拟成具体的计划。他很重视 15 世纪末从欧洲，不管是向西方还是向东方，所实现的各次航行及其整个过程，其都在显示着地圆学说的思想。其中，他特别重视列什波亚的发现和贝格依姆的地图。尽管后来航行证明，列什波亚所发现的海峡，只不过是深入陆地的圣马提阿斯湾；贝格依姆的地图也把海峡的位置向北画了许多。但是，当时这些比较肯定的材料，对增加麦哲伦航行的决心和信心却起了很大的作用。

麦哲伦不怀疑在南美南部有海峡的存在。他的航行计划的目标是绕过美洲，直向西渡过"大南海"，驶向摩鹿加群岛。在拟定计划时，他的好友天文学家法利罗也热心地参与了工作。

麦哲伦在拟定计划时感到无限的兴奋。他在给弗朗西斯库·谢兰的信中说："不久我又可以和你晤面了，如果不取道葡萄牙人所探得的路程，便当取道西班牙人所探得的路程，而我的事业实在有向那面出发的必要哩。"

麦哲伦打算环绕地球航行一周的愿望是非常强烈、明显的。然而在当时，一个庞大的远洋探险计划如果得不到国家的支持，是很难付诸实现的。因此，尽管麦哲伦在国王那里不得志，但为了实现自己的航行计划，他还是向国王提出了请求。不过，这时的葡萄牙国王曼努埃却满足于眼前的既得利益和以前的"新航路"，现在他所乐于从事的是战争，企图用武力在东方夺取更多的殖民地和财富。

尽管绕道非洲的航行路线长、历时久，花费也不少，但这总比向汪洋大海作毫无保障的探索要稳当得多。此外，在哥伦布发现"新大陆"之后，葡萄牙和西班牙两国国王为了避免争夺殖民地的摩擦，于1494年在当时教皇的调停下，曾确

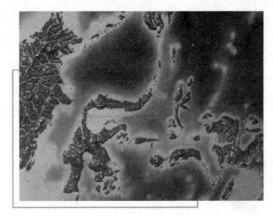

摩鹿加群岛

定了分界线，划分了势力范围。这条被称为"教皇子午线"的分界线，经双方条约同意，划在佛得角群岛以西370里格（每里格约等于5.92千米）的地方。分界线以东属于葡萄牙，以西则属于西班牙。这条分界线的划定，对葡萄牙国王也多少起了点约束作用。

1517年10月20日，麦哲伦怂然离开葡萄牙，来到了西班牙的塞维利亚城，12月中旬，法利罗也来到了这里。塞维利亚要塞司令迪赛古·巴尔波查就是已在这里居住达14年之久的葡萄牙人。他的儿子杜亚脱·巴尔波查还曾写过一本记述东方国家的书，他后来是麦哲伦远航队的成员之一。

1518年3月18日，西班牙国王查理一世接见了麦哲伦。麦哲伦向国王呈献了绘制得相当详尽的彩色地球仪，上面标明他所拟定的航线。他向国王保证说，可以不侵犯葡萄牙国王的领土或海洋而能到达生产胡椒、东方香料等的岛屿。他还说一定要在"新大陆"南端找寻到通向上述岛屿的海峡。

麦哲伦的计划立即得到查理一世的赞同。王室里的一些当权派，例如大主教方萨加也在旁边尽力支持。由于当时西班牙海外远征事业规定由王国和私人合股经营，所以，一个庞大的远洋探航计划必须经国王和私人签署协定后方能生效。3月22日，查理与麦哲伦、法利罗签署了协定。

麦哲伦远航计划得到西班牙赞助的消息立即被葡萄牙人获悉了。葡萄牙国王伊曼纽尔一方面害怕自己的海外利益会因之受损，另一方面也出于

嫉恨，马上密令葡萄牙驻塞维利亚领事阿尔瓦利什想方设法去破坏这个计划的实行。首先是对麦哲伦本人进行威胁和利诱。阿尔瓦利什曾会见麦哲伦。在他给伊曼纽尔的信中写道："我曾经向他（指麦哲伦）明示他的前途困难重重，所以最聪明的办法莫过于回到故乡，在他可指望的殿下恩泽的荫庇下度日。"然而，这一着没有奏效。接着，葡萄牙人便对远航准备工作进行破坏。阿尔瓦利什在塞维利亚用大批金钱到处贿赂，使麦哲伦远航队在食物储备上装载了发霉的面粉、糖和发臭的咸牛肉。

由于参加远航的海员主要是从各地招募来的，这就给葡萄牙奸细以可乘之机，因为应召而来的人，情况十分复杂。仅就国别而言，在后来组成远航队的 234 人中，就有西班牙（100 多人）、葡萄牙（37 人）、意大利（30 人）、法、德、英等国家的人，还有佛兰德尔人、意大利南部的西西里人、摩尔人和马来亚人等等。钻进远航队的葡萄牙奸细便可运用各种阴谋诡计在这个多民族的集体中制造不和与混乱。不仅如此，阿尔瓦利什甚至企图谋杀麦哲伦。

1519 年 8 月，在这种勾心斗角、七拼八凑的情况下，远航队的各种准备工作总算安排停当了。

远航队由 5 只备有枪炮火器的兵船和其他一些小船组成。这 5 艘兵船即：船身最坚固的旗舰"特利尼达"号（载重量 120 吨）、载重量最大的"圣安东尼奥"号（载重量 130 吨）、"康塞普逊"号（载重量 90 吨）、"维多利亚"号（载重量 85 吨）和"圣地亚哥"号（载重量 75 吨）。

从武器、食物、用具直到商品，凡远航必需装备及用于交换的各种东西，只要是事前考虑到的，几乎 5 艘船上都有储备。

麦哲伦乘坐旗舰统率其他 4 艘兵船。5 艘兵船的主要负责人员是：船队总舵手也是旗舰"特利尼达"号的舵手哥米什；"圣安东尼奥"号先由卡尔塔海纳指挥，后来由麦斯基塔指挥；"康塞普逊"号由凯萨达指挥；"维多利亚"号和"圣地亚哥"号的船长分别由缅多萨和茹安·谢兰担任。

1519 年 9 月 20 日，这支人员复杂、装备低劣的远征船队，终于从西班牙塞维亚城的外港圣路卡尔迪巴拉麦达港出发了。像葡萄牙国王曼努埃一样幸灾乐祸的人高兴了，因为在他们看来，这不过是一队由亡命之徒指挥的"漂浮的棺材",航行在那 2 个汪洋大海里,覆灭的命运似乎早就注定了。但是,麦哲伦及其船队能够克服许多困难并取得成功,给了他们以相反的回答。

发现麦哲伦海峡

10 月 3 日,船队离开加那利群岛继续向西南佛得角群岛进发。这时天气逐渐恶劣起来,在惊涛骇浪之中,船队领导中的反对分子也开始活动起来。原来当时从加那利群岛到南美巴西海岸,可以直接进入大西洋向西南方向航行,也可以先沿非洲海岸往南到佛得角群岛,再向西稍偏南横渡大西洋前进。这后面的一条航路看上去是走了弯路,其实却有着可以利用赤道洋流和东北信风等有利条件。1500 年由卡布拉尔率领去印度的葡萄牙船队,就是曾在这一带先被大风吹送到巴西去的。往后,有些驶向印度的葡萄牙船,也往往利用这一带的有利条件,先从佛得角群岛到巴西,然后再折转去印度。麦哲伦坚决主张走这一条"葡萄牙航线",但是在航行中一直寻衅不满的卡尔塔海纳却抓住这个航线问题极力反对麦哲伦。麦哲伦终于感到忍无可忍,于是决定把卡尔塔海纳交给缅多萨看管起来,而让远航队的会计兼文书科加去暂管"圣安东尼奥"号。

经过数月的海洋漂泊,海员们每天过着与海浪、暗礁和暴风雨作斗争的日子,现在突然来到这一片到处葱绿、食物丰盛的地方,大家都有留恋不前的意思。他们用小刀、帽子之类的东西与土著居民进行不等价交换,又可获得许多当地的特产。但是麦哲伦的目的却不能仅止于此,他的计划是要找到海峡和渡过"大南海",到亚洲那些盛产香料的地方去。这些地方是他过去参加葡萄牙向东方的远征队时已经有所知晓的。

12 月 13 日,继续前进的船队进入圣路西亚湾(里约热内卢)。12 月 26 日离开该湾向南行驶,于 1520 年 1 月 10 日来到了拉普拉塔河口(今乌拉圭首都蒙得维的亚所在地)。这个一望无际的大海湾,乍看起来真像是一个海峡的入口,但经"圣地亚哥"号实地探查后,知道它只不过是一个宽阔的河口。

2 月 6 日,船队继续航行。为了便于找到海峡,麦哲伦下令各船只尽量靠岸行驶，这样，造成了2月13日"维多利亚"号触礁事件。在摆脱礁石阻碍后，船队便不得不离岸稍远些继续南行。

2月24日，船队驶进了圣马提阿斯湾。这曾是列什波亚到过的所谓海岬和海峡，但实际上它也不过是一个普通的海湾罢了。

麦哲伦没有让船队在这里多逗留，他下令继续向前航行。再往南行都是以前航海家所未到过的地区了。这时南美已临近冬季，凛冽的南风顶头吹来，夹带着蒙蒙的雨雪，天昏地暗，航行十分困难。船队必须找一个避风的所在了。3月31日，船队驶进了圣胡利安港。

麦哲伦决定就地抛锚过冬。这里满目荒凉，为了作过冬的长期打算，麦哲伦命令各船只必须缩减口粮，另外还决定让麦斯基塔担任"圣安东尼奥"号的领导，换回科加继续担任他自己的工作。

天气寒冷，粮食又要减少，加上几次探索海峡都失败了，海员大半都灰心失望，不安的情绪笼罩着整个船队。

在这种沉郁的气氛里，有些船只的领导便阴谋反对麦哲伦。他们利用海员灰心失望的情绪，要求增加口粮，或者干脆调转船头回家，不再去找寻那个毫无踪影、与己无关的什么海峡了。

麦哲伦的回答是坚定的。他表示必须履行誓约，一定要遵照西班牙国王的命令，在没有找到实际上是存在的海峡以前，决不能半途而废。至于粮食一项，他也说明只要按既定的办法消费，是可以长期供应的，燃料和淡水也不缺乏。他要求海员们鼓足勇气，不要畏缩，同时他还答应把国王的赏金发给大家。

然而这些解释和劝说，并没有能够阻止事变的发生。

4月1日，也就是基督教复活节前的星期日，麦哲伦邀请一些船长、舵手以及其他重要工作人员上岸举行礼拜仪式，事后又邀请他们到旗舰上共进午餐。一些应邀的人都上了岸，但是缅多萨、凯萨达以及由缅多萨看管的卡尔塔海纳却没有上岸。

当天晚上，凯萨达和卡尔塔海纳带领30名武装人员，从"康塞普逊"号上来到"圣安东尼奥"号上。凯萨达强迫"圣安东尼奥"号的领导人麦斯基塔归顺他们，但麦斯基塔表示不能同意，于是凯萨达用剑攻打麦斯基塔，并当场把他扣押起来。事后，卡尔塔海纳回到"康塞普逊"号上。这样一来，凯萨达、卡尔塔海纳和缅多萨等就控制了"康塞普逊"号、"圣安东尼奥"号和"维多利亚"号3只船。

圣马提阿斯湾

4月2日清晨，麦哲伦命"圣安东尼奥"号上的海员上岸寻找淡水，不料海员竟拒不从命。紧接着他们通知麦哲伦说，他们已控制了3只船及其附属的小船，并要麦哲伦到"圣安东尼奥"号上商讨关于国王命令所规定的事项。至此，事变正式爆发了。

面对这一严峻的局面，麦哲伦表现出异常的冷静和果断，他深知除了采取迅雷不及掩耳的手段，是不易对付事变的。他一面让旗舰拖住从"圣安东尼奥"号上派来送信的小船，一面命保安官埃斯比诺沙带领6名武装人员暗地乘一艘小船去"维多利亚"号送信。

正当缅多萨以傲慢的眼光读着来信的时候，埃斯比诺沙，立即用短剑刺进了他的咽喉，结果了他的生命。

同时，麦哲伦又派杜亚脱·巴尔波查带了一支由15人组成的小队来到"维多利亚"号。他们一上船就扬帆起航，没有遇到任何抵抗就把这艘船开到旗舰附近。接着旗舰和"维多利亚"号又开到"圣地亚哥"号附近，让这3艘船紧紧地靠在一起。

3日这一天天还未亮，凯萨达和卡尔塔海纳想把"圣安东尼奥"号和"康塞普逊"号驶向大海。但是他们出海必须从停泊在港口的旗舰附近通过，这时海员们尚在睡觉。"圣安东尼奥"号刚一起锚还来不及张帆就和旗舰面对面地撞在一起了。旗舰上的枪炮响了。通过喊话，"圣安东尼奥"号上被胁迫的海员都表示愿意继续拥护麦哲伦。

麦哲伦下令扣押凯萨达、科加和其他投向凯萨达的人。解决了"圣安东尼奥"号后，麦哲伦另派自己的人登上了"康塞普逊"号，逮捕了卡尔塔海纳等人。

麦哲伦一一审问了这些反对他的人，首恶凯萨达被处以极刑。卡尔塔海纳和神父莱伊纳被永远放逐在圣胡利安港附近。麦哲伦赦免了 40 多名应判死罪的人，因为船上还需要他们工作，同时，他也不愿引起其他船员的反感。

船队在圣胡利安港停留了近 5 个月，头 2 个月在岸上没有看到一个土著居民。后来才出现了身材高大、披着兽皮的土著人，麦哲伦称他们为巴塔哥尼亚人（大脚民族）。这种人所穿的鞋很特别，一般是把皮子先套在脚上（从膝盖以下直到脚底）定型晾干，再把这种包裹着小腿和脚的皮子缝制成一种软底鞋。一遇雨雪，再在这种软底鞋外面套上大皮靴。大概就是这种鞋留在地面上的足迹很大，所以麦哲伦给他们起了"大脚"的名字。不久，麦哲伦的海员们侮辱了他们，烧掉了他们的游牧营帐，并用欺骗手段捕捉了 2 个巴塔哥尼亚人，锁上镣铐，准备带回西班牙献给国王。

8 月 24 日，正是当地早春时节，船队离开了"圣胡利安"港。这时只有 4 只船了。因为"圣地亚哥"号早在 5 月间探航的时候沉没了。

10 月 21 日，船队在南纬 52 度处驶入了一个宽阔的海峡口。麦哲伦命令"圣安东尼奥"号和"康塞普逊"号向前探航。到了第四天傍晚，这 2 只船带着令人喜悦的消息回来了。他们向旗舰鸣炮示庆。原来在向前探航的 2 天中，他们尝到的都是咸水，而且水流湍急，把船只冲向西方。他们预感到驶向另一个海的出路可能有望了。

海峡通道很长，忽宽忽狭，弯弯曲曲，港叉交错，前进必须继续探航。

正当船队有重大发现的时候，可怕的事情发生了。11 月 1 日，船队在西进途中，正当人们接受着汹涌的波涛、巨大的潮汐考验的时候，哥米什在经过一个交叉口的探航中又碰了壁。于是他丧失了最后一点信心，再也熬不下去了。他趁探航之机，强占了"圣安东尼奥"号，给船长麦斯基塔带上镣铐，掉转船头逃回西班牙。回到西班牙之后，立即向国王控告麦哲伦。于是麦哲伦的岳父、妻子便在自己的家里被监禁起来，并不断受到疲劳的审问。麦哲伦的妻子俾特丽兹忍受不了这种侮辱性折磨，在远航队和自己的丈夫回来前不久便死去了。

剩下的 3 只船在漫长的海峡中航行了 28 天。

11 月 28 日，船队终于走出了海峡的西口，浩瀚无垠的"大南海"终于出现在眼前。当海员们狂呼海峡尽头已走到时，素来表现坚定、沉默的麦哲伦，这时也竟高兴得流出了眼泪。经过重重困难，克服种种阻碍，沟通"大南海"和大西洋的

麦哲伦海峡美景

通道终于找到了。这是西欧人花了 20 多年时间要寻找的地方。为了纪念麦哲伦及其伟大发现，后人把他所发现的海峡称为"麦哲伦海峡"。

在解决了这次远航中的关键问题之后，麦哲伦为继续下一步的航行开辟了途径。从此，麦哲伦的船队就开始在"大南海"上航行了。

麦哲伦之死

从 1520 年 11 月底到 1521 年 3 月初，船队在"大南海"中持续航行了 3 个多月。可喜的是在这些日子里，船队竟一次也没有遭到暴风雨和巨浪的袭击，因此麦哲伦和他的海员们把这个"大南海"叫做"太平洋"。这个名称就这样一直沿用下来了。

惊涛骇浪、狂风暴雨虽未呈现它们的威力，但是饥饿和疾病却给麦哲伦的海员们带来了很大的困难，并夺走了不少人的生命。

一连 3 个月又 20 天，海员们完全没有吃到新鲜的食品。1521 年 1 月 24 日和 2 月 4 日，船队虽然先后发现两个小岛（圣巴夫拉岛和鲨鱼岛），但岛上却荒无人烟，无法补充食物。因此，麦哲伦把这两个小岛合称为"不幸群岛"。这时候，船上的食物愈来愈少了。海员们除了喝着腐臭发黄的淡水，吃掺杂了蛆虫、鼠尿粪的面包屑外，也把包裹绳索用的牛皮和木屑及

老鼠当作食物。最糟糕的是不少海员得了坏血病,牙龈肿大,不能吃任何东西,有 19 个人(包括捉来的巴塔哥尼亚人和另一个巴西人)因此而死去了。

到 3 月 5 日,船上可吃的东西全部吃光了。患坏血病的人愈来愈多。要尽快找到一块能补给食物和淡水的陆地,这就成为船队所面临的最紧要的问题了。

3 月 6 日清晨,这个愿望终于实现了。旗舰"特利尼达"号上的二级水手纳华罗在主桅的瞭望台上最先发现了陆地。于是旗舰首先鸣枪示庆,把这个好消息告诉另外 2 只船上的伙伴们。

这是物产丰富、人口稠密的群岛。由于土著居民的独木舟上都挂着三角形类似拉丁式船帆的棕叶帆,因此麦哲伦把它们叫做"拉丁式帆群岛",这就是现在的马里亚纳群岛。

群岛上的居民仍然生活在原始公社阶段,他们的财产是公有的。而私有对他们来说是无法理解的事。现在,3 艘巨大新奇的船只破天荒地出现在他们的眼前,于是许多乘坐独木舟的土著居民都朝这 3 艘船围了过来。他们凭着自己的生活经验,乐意尽自己的所有来供给船队所需要的任何东西,但是也毫不客气地从船上拿走了他们感到新奇的东西。这种情况对在私有制社会中过惯了的西班牙海员来说,同样也是无法理解并加以反对的。

船队在这里补充了不少食物,特别是水果和蔬菜。"一尺长的无花果"(香蕉)几乎到处都可采到。船队面临的致命威胁——饥饿算是解决了。但是这里的主人(土著人)却得到了相反的报酬。麦哲伦和他的海员们说这些土著人是"强盗",

马里亚纳群岛

把这些大大小小的岛屿叫做"强盗群岛",并围剿了这些从船上拿走了东西的"强盗",不仅在船边或海上,而且也在陆地上,土著居民遭到了残酷的屠杀，村庄被洗劫或被烧毁，土著居民被武力征服了。

1521 年 3 月 8 日，船队离开这里继续前进。16 日，麦哲伦率队到达现在的菲律宾群岛之一的三描岛岸边。麦哲伦决定让患病的海员在这里作短期疗养，于是命令在邻近的胡穆奴小岛登陆。海员们用树干、风帆布置了营地，把患病的海员都移到了那里。

麦哲伦每天都亲自上岸探视病员，并给他们送去美味的饮料和丰富的食物。在这个岛上也生长着东方的各种香料和热带水果，香蕉、椰子之类应有尽有。海上吹来的微风，带来了阵阵清香。麦哲伦安慰病员们说，各种困难即将过去，航行的目的地摩鹿加群岛就在前面。这些鼓励的话对病中的海员恢复健康和增强前进信心产生了极大的作用。

事实上，他们在航行中早已驶过了摩鹿加群岛。由于航向偏北了一些，船队从摩鹿加群岛的东北方向驶过而来到菲律宾群岛了。

在经过 10 天的疗养和休息后，3 月 25 日，船队取道西南方向前进。27 日，他们来到了菲律宾群岛的马索华岛。

第二日清晨，一艘载着 8 个土著居民的小船向旗舰开来。这时麦哲伦突然想起他从马六甲带来的奴仆亨利，于是他叫亨利用马来语和这些土著居民说话。这些土著居民竟然能听懂并作了回答。这时，麦哲伦恍然大悟，他从西方绕到东方来的理想已经实现了。早在 12 年前，他从东方回到西方，现在他又从西方绕到东方了，他的远航事业已基本上完成了。在古代，一些相信地圆说的学者曾预言：无论背着太阳或向着太阳一直向前，最终会回到原来出发的地方。这个预言，现在已被一个坚韧果敢、百折不挠的航海家所证实了。

船队在马索华岛停留了 10 天左右。他们用小刀、镜子、帽子之类的东西换取了许多米、干鱼等食物。同时又通过传播基督教的途径与当地统治者建立了关系。4 月 7 日，在马索华岛的统治者带领下，船队来到了菲律宾群岛中富庶的宿务岛。

宿务岛确实是一个理想的建立殖民地的好地方，这里土地肥沃、物产丰富，而且岛上的许多部落小土邦又互不团结、彼此仇视，这正好是可以利用的条件。深知亚尔美达和阿尔布凯尔基等对外远征、掠夺手法的麦哲伦，是懂得如何利用当地土著居民之间的不团结来发动掠夺和征服的战争的。

于是，麦哲伦在宿务岛，一方面开设店铺，用带来的各种小商品换取土著居民的黄金、珠宝、肉类和粮食；另一方面也依靠传播基督教与当地的土王酋长之一胡马波纳建立了关系。胡马波纳也有他自己的打算：希望利用这些拥有枪炮火药、装备优良的白种人去反对自己的邻邦。胡马波纳殷勤地接待了麦哲伦，并策动麦哲伦向邻近的马坦岛进军。

麦哲伦却没能看穿胡马波纳的这一着棋。他先派人去马坦岛，在那里，西班牙人残暴地烧毁了一个名叫布拉依雅的村庄，并迫使那里的土王酋长西拉布拉布纳贡并服从胡马波纳及西班牙国王。西拉布拉布答应供给 3 头猪、3 头羊、3 斗大米和 3 斗黍米，但在决定时他又反悔说"每种只给 2 份"。

麦哲伦并不需要多得 1 头羊和 1 头猪，但是他却以此作为借口，发动了对西拉布拉布领地的进攻。

4 月 26 日半夜，麦哲伦带领 60 名武装人员，分乘 3 只小船驶向马坦岛。胡马波纳和他的王子也带了 1000 人左右同行。

27 日黎明前，他们又到了马坦岛。麦哲伦叫一个人去通知西拉布拉布，要他对胡马波纳和西班牙国王表示完全的降服。不料，这时态度异常坚决的西拉布拉布却有力地回答说："我们也有戈矛呢！"战斗不可避免了。

为了显示西班牙人如何能战斗，麦哲伦让胡马波纳和他所带来的人留在后面，

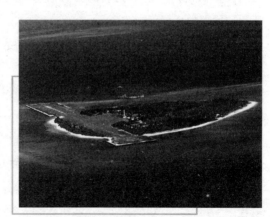

菲律宾群岛

自己只带领 49 人涉过浅水上岸厮杀，留下 11 个人看守小船。殊不知西拉布拉布那边却有 1500 人之多，分作 3 队埋伏在岸边丛林里。

战斗打响了。有一段时间西班牙人靠火器还能够抵挡住对方的进攻。但是当土著居民大批扑上来的时候，麦哲伦和他的士兵们就渐感不支了。麦哲伦的脚被毒箭射伤后，他命令退到小船上。但由于岸边水浅礁石又多，小船只能远远地停泊在海中，于是站在没膝深的海水中的海员战士们，不得不继续进行战斗。

3艘兵船一时也无法调来，为了掩护同伴的撤退，麦哲伦决心自己坚持到底。

在西班牙人比加费德的记载中，曾这样记述了那次战斗的情况："这些土著居民追赶我们……他们认识舰长，集中全力向他攻击，两次把他的头盔打下来，但是他依然支持着，与他左右的人一起继续顽强地战斗。他们的人数比我们多2倍，而我们只有少数人投入战斗。一个土著居民用标枪击中了舰长的前额。被激怒的舰长用长枪刺他，枪被他夺住了。舰长想拔出宝剑来继续战斗，可是因为右手受了重伤，只拔出了一半。土著居民看清了这种情况，就立刻向他猛攻。其中一个土著居民砍伤了舰长的左脚，舰长就仆倒在地上。这时立刻就有许多铁枪和竹标枪向他投来，土著居民们还用大斧砍他，一直到我们的指挥者——我们的灵魂、我们的光明和快乐——死亡为止。"

就这样，麦哲伦在企图征服菲律宾人的战斗中结束了他的一生，那年他才41岁。

麦哲伦的远航，对于扩大人类的地理知识做出了巨大的贡献，但在同时，他也充当了近代殖民主义的开路先锋。在麦哲伦到达菲律宾后不久，西班牙统治集团便用血腥手段征服了这个地区，并用王子菲力普二世的名字为这个地区命名，这就是今天菲律宾地名的由来。

麦哲伦死后，他的船员们继续向前探索，以完成环球航行的最后一段航程。

麦哲伦是战败被杀，胡马波纳原来的打算也落空了。现在他用不着对这些白种人再献什么殷勤和纳贡了，于是他一反过去的态度，用宴请的办法杀死了许多海员。麦哲伦的内弟杜亚脱·巴尔波查和先后任"圣地亚哥"号、"康塞普逊"号船长的茹安·谢兰，就是在赴宴时死去的。当时，在麦哲伦死后，他们两人被举为远航队的领袖。

5月1日，未曾赴宴和侥幸逃脱的海员们，立即解缆起程，离开了这个危险的地方。这时只剩下113名海员，已无力控制3艘船了。同时"康塞普逊"号已破损严重，于是船队在离开宿务岛后不久，在保和岛岸边，他们把"康塞普逊"号付之一炬。

剩下的"维多利亚"号和"特利尼达"号2只船，盲目地在南洋群岛一带航行。虽然他们仍遵照麦哲伦原定计划先到摩鹿加群岛，再从那里寻路返回西班牙，但怎样到摩鹿加群岛去呢？没有人知道。船队先后经过棉兰老、加里曼丹、巴拉湾等岛，于1521年6月底又来到了加里曼丹东北端的文莱城。

在离开文莱城后，船队在马来亚海上又飘流了不少时日。从胡马波纳宴请事件以来，船队领导一直由卡尔华里尤暂时充当。也许因为在宿务岛和文莱城他先后2次抛弃自己的同伴而开船逃跑的缘故，大家决定革除他的职务。另推埃斯比诺沙为旗舰的领导，埃斯比诺沙在胡马波纳事件后曾是"维多利亚"号的船长，空缺的位置，就由原任"康塞普逊"号的领航员埃里·卡诺充当。埃里·卡诺在历史上被公认为是在麦哲伦死后第一个继续完成环球航行的领导者。

2艘船继续盲目航行，直到遇见了载着2个土著居民的小船，才算找到了去摩鹿加群岛的航路。11月8日，船队到了哈马黑拉岛以西的提多尔岛。西班牙人朝夕盼望的目的地——香料群岛终于到达了。

提多尔岛满目苍翠，到处生长着丁香树。看到这般情景，西班牙海员的狂喜是可想而知的。他们想尽种种办法购买各种香料，岛上的统治者也帮助他们征集。

船队正准备启航作归国打算时，突然发现旗舰"特利尼达"号裂开了一个洞，严重漏水。于是这艘船便不得不留下来进行修理了。12月21日，"维多利亚"号单独启程西航，驶上归国的旅途。

现在他们已来到葡萄牙王国的势力范围之内了。自"新航路"开辟以来，葡萄牙人在这里已陆续地控制了许多据点，为了垄断东方贸易，他们攻击往来于这一带的各国船只。麦哲伦的老朋友、居留在干那底岛的弗朗西斯库·谢兰，这时已经死了。西班牙船只会遭到葡萄牙人的攻击，势所难免了。

后来，留在提多尔岛的"特利尼达"号的全部海员，也都成了葡萄牙人的俘虏。葡萄牙人把他们辗转流放在摩鹿加群岛、班达群岛和印度，让他们在监狱、种植园中受尽了折磨，以致于大批死亡。

1522年1月26日，"维多利亚"号在帝汶岛补充了淡水和粮食后，为了逃避葡萄牙人的迫害，也不得不远离陆岸，横渡印度洋。他们好容易战胜了好望角附近的可怕的风浪，于6月8日越过赤道，7月9日到达佛得角群岛。佛得角群岛是葡萄牙的领地，西班牙船只在这里补充淡水和粮食时，又被葡萄牙当局发现，只得再丢下被捕去的12名海员赶忙逃离虎口。直到1522年9月6日，船长埃里·卡诺领导的"维多利亚"号才算最终回到了西班牙原出发地圣路卡尔迪巴拉麦达港。这时船上仅剩下18名过度疲劳而虚弱不堪的海员了。

至此，人类历史上破天荒第一次环绕地球一周的航行，终于胜利地结束了。从1519年9月到1522年9月，这次航行花了整整3年时间。

穿越沙漠

沙漠，是世界上最险恶最荒凉的环境之一，那里分布着会流动的高大沙丘，连绵起伏，有的地方是碎石狼藉的戈壁滩，往往一年到头滴雨不下，太阳毒辣辣地晒下来，干热异常，简直要把人的水分蒸发干净，夜间又出奇地冷，有的地方一天内气温相差四五十摄氏度以上；几乎找不到河流和水源，寸草不生，很多地方是无人区，从来没有人

美国西部的沙漠"死谷"

进去过；狂风来临时飞沙走石，尘暴肆虐，昏天黑地……难怪我国新疆塔里木盆地的大沙漠，取名"塔克拉玛干"，这是维吾尔语"进去出不来"的意思。阿拉伯半岛上的鲁卜哈利沙漠，意谓"空白地带"；内夫得沙漠，即"难以通行的厚沙地"之意。非洲的卡拉哈里沙漠，含义是"痛苦或口渴的人"，指沙漠干燥给人带来苦恼。世界最大的沙漠"撒哈拉"，源出阿拉伯语，原意指一块广阔的不毛之地，或指一种象征死亡的颜色，后来转意为大荒漠，曾有人把它作为坟场的同义词。美国西部的沙漠索性以"死谷"名之。

沙漠探险的历史

2000 多年前的西汉探险家张骞，为了开拓丝绸之路，就曾率先穿过甘肃、新疆之间的沙漠戈壁。中国古代高僧法显和玄奘，又分别在公元 5 世纪初的东晋和 7 世纪初的唐朝，横穿塔克拉玛干大沙漠，前往印度取经。14 世纪著名的阿拉伯旅行家伊本·拔图塔，在周游世界的旅行中，曾穿过中撒哈拉沙漠，到达非洲内陆。他们堪称是世界上第一批沙漠探险家。

欧洲人在 18 世纪末开始进入撒哈拉探险。1822 年，英国探险家德纳姆等人成功地穿过沙漠并发现了乍得湖。1849～1855 年，德国地理学家亨利·巴尔特参加一支英国探险队，2 次跨越撒哈拉沙漠，考察了乍得湖以西至尼日尔河的广大地区。1865～1867 年，又一位德国探险家格哈尔德·诺尔弗斯穿越中撒哈拉，完成了自地中海至几内亚湾的首次穿越非洲腹地的探险考察。1868～1879 年，他又重点探索了北非的一系列沙漠和绿洲。他写过一部取名为《穿越非洲》的探险著作。他在返回德国时受到凯旋式的欢迎。法国军官让·迪里奥是考察中撒哈拉沙漠的最大探险家，他的多次极其重要的沙漠探险括动是在 20 世纪第一个 25 年期间进行的。他的考察成果，从根本上改变了人们对中撒哈拉地形的认识。在他考察之后，撒哈拉沙漠的地图基本上形成了现今地图的样子，但总面积比澳大利亚还大 100 万平方千米的撒哈拉，仍有广大地区人迹罕至，至今尚未为人所知。

19 世纪 40 年代以前，人们对澳大利亚大陆中部广阔的沙漠腹地还一无所知。1840 年，发现了澳洲大陆最低点埃尔湖的探险家爱德华·埃尔，费了 4 个月功夫，向沙漠推进了 2000 千米，代价是 5 个队员中死去了 3 个人。1847 年 12 月，德国地质学家留德维格·勒斯加德带领一支探险队，准备用 3 年时间穿越澳大利亚大陆，但他们在第二年的 4 月就杳无音讯了。又过了 4 年，勒斯加德他们失踪的消息才传到悉尼，人们听到这个消息后感到十分震惊。在此之后直到 1869 年，先后派出一系列探险队前去搜寻勒斯加德和他同伴们的下落，可是连后者也一去不返。1860～1861 年，爱尔兰人罗伯特·伯克等 4 人骑着马匹和骆驼，完成了南北纵贯澳洲大陆的首次壮举，不幸在返回途中由于缺乏粮食和过度劳累，饿死了 3 个人，包括伯克本人。进入 19 世纪 70 年代，又一批探险家从不同方向不同路线穿越了澳洲中部和西部十分广阔的沙漠地带，从而打破澳大利亚大沙漠不能穿越的神话。

瑞典大探险家斯文海定几乎用了一生的时间深入中亚细亚沙漠腹地进行探险旅行和科学考察，前后延续达 50 年，数十次出生入死、九死一生。其中最艰苦最危险的一次，要算是 1895 年 4 月穿越塔克拉玛干大沙漠了。当探险队进入茫茫沙海的第 15 天，斯文海定才发现由于随员的疏忽，水带少了，仅剩 2 天的用量。他们尽量节约，并寄希望于掘井，可是无济于事。到 4 月 30 日晚上，最后一滴水也喝光了，骆驼一只接一只倒毙。5 名随员渴得发疯似地喝鸡血、羊血和驼尿，有人倒在地上再也起不来。直至 5 月 5 日，挣扎着前进的斯文海定以极大的毅力滚爬过一片杨树林，找到一个小水潭，才把他自己和剩下的最后一个随员从死亡边缘拉了回来。

今天，令普通人闻之色变的大沙漠，更成了各路探险好汉大显身手的天然舞台。他们中有人使用汽车，或骑摩托车，甚至踏自行车，也有人骑骆驼、骑马，还有人徒步、长跑……目标只有一个，征服死亡之海——沙漠。

1977 年 4 月 8 日至 10 月 20 日，28 岁的澳大利亚女郎萝宾·戴维森，成为第一个只身穿越澳大利亚西部大沙漠的妇女。早在 2 年之前她就来到沙漠边缘的一个小镇，筹备沙漠探险，用 3 个月时间学习驾驭骆驼等。后来她独自一人带着四匹骆驼和一条狗，踏上征程。旅途中她多次迷路，转来转去还在老地方，第四天她的脚已磨起水泡，肌肉也开始抽筋。但这些吓不倒她，她仍然一步一步地坚持前进。到第 110 天，有 2 匹骆驼跑掉了，另一匹脚上穿了个大洞，只能一瘸一瘸地走。再后来，那条探路和警戒用的狗也中毒死了。情况变得越来越险恶，而胜利也越来越接近。经过195天的拼斗，戴维森终于走完了2720千米路程，来到印度洋边。

1973年，一个叫罗贝尔·布鲁内的35岁的法国探险家，骑一辆摩托车穿越了撒哈拉大沙漠。后来他又计划从马里北部的特萨利特出发，越过撒哈拉大沙漠，到达阿尔及利亚首都阿尔及尔，全程大约为800千米。千百年来，人们从不同的方向穿越撒哈拉，但没有一个人是用跑步由北向南完成这3300千米艰苦路程的。1980年11月27日，27岁的法国工程师雅克·马丹决心打破这一纪录。他从大沙漠北部阿尔及尔一家邮局门前起跑，历时50天，于翌年1月15日跑到大沙漠南部尼日尔的一座城市津德尔，成为世界上第一个慢跑穿越撒哈拉的探险家。他的名字被列入奇迹创造者纪录册里。马丹跑步时，后随跟有3辆汽车和一组随行人员，其中包括1名按摩师、1名急救医生和一些摄影师。他基本上每天从早晨跑到中午，然后休息一会，下午再跑大约5小时，直到夜幕降临。有几次他迷失了方向，在沙漠里东奔西跑，但他拒绝跟随的汽车帮忙。马丹硬是依靠自己的两条腿和顽强毅力，完成了这一惊人计划。

还有人创造发明了沙舟来征服大沙漠。沙舟又叫沙地速帆，这是一块约2米长的窄窄的小木板，底部装有4个小车轮，上面配有风帆，操纵方便。人们可以像溜旱冰一样用脚踏在小木板上，像驾驭帆板似地用手握住固定帆的把手控制方向，启动时只要向前猛冲几步，就可

沙地速帆

扬帆而行，凭风力在沙地上行驶，顺风时每小时可跑80千米，接近汽车的速度，逆风时可拆下6平方米大小的帆拉着走。有人把它叫做"带车轮的风筝"。

1979年，33岁的法国探险家阿尔诺·德·罗斯内只身驾驭沙舟，在西

撒哈拉沙漠滑行了 1300 多千米。他从毛里塔尼亚滨海城市努瓦迪布南下，沿着大西洋西非海岸走。头一天爆裂了 16 只橡皮轮胎，第三天遇上沙暴，第四五六天情况截然相反，不是完全没有风就是风软弱无力，大部分时间他不得不拉着沙舟徒步行进，半夜睡觉时还遭到豺狼的袭击。后来他消化不良，有一天身体虚弱得晕过去，夜半才苏醒。第 12 天用木筏载着沙舟摆渡塞内加尔河时，差点被潮流卷向大海，在当地渔民帮助下才摆脱困境。罗斯内竭尽全力向前急驶，终于不到 6 小时赶完了最后一段路程，一路顺风滑到终点塞内加尔首都达喀尔。他对自己说，这仅仅是开了个头，他决心要用他的沙舟，穿越世界所有的沙漠。

撒哈拉的梦想

很久以前，撒哈拉还是一个神秘的谜。这片 800 万平方千米的世界最大沙漠，不知令多少人神往。探险家们被神秘的传说、奇异的风俗以及荒凉的地理环境激起挑战心理；商贾们为了开辟新的市场，发展贸易，组织了庞大的骆驼商队，穿越大沙漠，进行通商贸易；历史学家和其他科学工作者则对这一地区的过去和未来发生浓厚的兴趣。于是，撒哈拉便有了无数的梦。

欧洲人对撒哈拉沙漠地区的关心是显而易见的。那不仅仅因为撒哈拉有辽阔的地域和许多剽悍的部族，更因为撒哈拉沙漠的南边有一条神秘的尼日尔河。传说尼日尔河流域有繁华的都市和稠密的人口，是发展贸易的潜在市场，尼日尔河畔有一个叫通布图的地方，那里蕴

撒哈拉的美丽景色

藏着丰富的宝藏，宛如阿拉伯故事《阿里巴巴与四十大盗》中的藏宝洞一般，里面有无数的金银财宝、珍珠玛瑙。为了探寻通布图的宝藏，便有了

许许多多关于撒哈拉南边的探险故事。

撒哈拉沙漠是世界上最大的沙漠。在许多人的印象中，它只是一片无垠的沙海，沙连天，天连沙，极目远眺人迹罕至，亦难得一见遮阳的树木和充满生命活力的其他动物。然而，这仅仅是一种印象。就西撒哈拉而言，这种印象也许是对的，那里确实是广漠的沙丘地带，波波相涌的沙丘犹如潮涨潮落的大海，但这样给人以无限遐想的沙地只占撒哈拉地区总面积的极小一部分，其他还有由小石头构成的荒漠和遍布大小石头的广大平地，以及阿哈加尔高原、塔西林阿杰、艾尔格与提贝斯底等4大高地和山脉，还有星星点点散落其间的绿洲。

撒哈拉人口密度大约是2.5平方千米一人。在沙漠区域，除了游牧部族外，几乎可以说是人畜不居。撒哈拉北部多是阿拉伯人和贝鲁贝鲁人，南部是黑人部族，东部则是提贝人与黑人的混血种族。在他们当中，贝鲁贝鲁人占据了主要位置，在阿哈加尔高原和塔西林阿杰地区则被称为多亚雷古人。几个世纪以来，他们一直支配着沙漠中的绿洲和商队路线。

撒哈拉沙漠很少有降雨的时候，更多的是暴风沙。这是因为沙漠表面的热空气上升，遇到上空的冷空气后产生强烈的风。这种风有时不断地猛刮，有时则产生间歇性的暴风。沙土被吹扬起来的时候，就像一张巨大的网覆盖着大地，遮天蔽日，人和骆驼都无法站立。这种暴风沙通常到日暮的时候会

遮天蔽日的撒哈拉

停下来，第二天又会再刮，但有时却会一连刮上好几天。

18世纪，当欧洲的探险家把注意力转向撒哈拉地区时，这里的统治权仍掌握在多亚雷古等游牧部族手中。随着欧洲人进入撒哈拉地区，多亚雷古人渐渐地感到了威胁，他们害怕欧洲人势力范围的扩大会直接影响到自

身的利益，因此，他们对探险家的到来有某种本能的抗拒感。但沙漠的严酷条件和多亚雷古人的顽强抗拒，并不能阻挡冒险者们到撒哈拉探险的决心，他们的热情没有因此而减弱。欧洲的科学家、政治家、军人、商贾和地理学家，尤其是英国和法国人，仍然争先到撒哈拉的南边去探寻尼日尔河与通布图。他们渴望成功的心情，犹如后来阿波罗登月一般的感受。

出征撒哈拉

人类对于撒哈拉的探险，初衷并不完全是为了征服这个世界上最大的沙漠，而是出于对通布图和尼日尔河流域宝藏的关心。撒哈拉南部地区的探险，就是从探寻尼日尔河开始的。

在18世纪，关于撒哈拉南边的情况，人们几乎一无所知，这方面的资料非常有限，甚至没有人能够确切地知道那条传说中神秘的尼日尔河的源流在哪里？它又是怎样经过曲曲折折？最终奔向何方？虽然说早在17世纪，欧洲人就知道了尼日尔河的存在，但此后相当长的时间里，没有人能清楚地解释关于尼日尔河的问题。有的论著认为，尼日尔河横越了非洲，与尼罗河相连，形成非洲最大的水脉；也有人认为，尼日尔河最终并非奔突注入大海，而是反其道而行之——在非洲内陆的某个地区形成一个较大的湖泊。众说纷纭，各言其是。但谁也没有料到，这条河竟会与几内亚湾的大三角洲有联系。

1788年，英国伦敦的一座寓所里成立了一个"促进非洲内陆开发协会"，提出要有计划地开展尼日尔河流域及撒哈拉沙漠的探险活动。当时的英国著名探险家库克船长和科学家约瑟夫·班克斯是"促进非洲内陆开发协会"的创始人。这一天，他们几人围坐在班克斯家的客厅里，商讨着一个惊人的计划。

库克船长的目光从手中的酒杯徐徐移到了对面那个人的脸上。那是一张极富个性化的脸庞，长期的户外生活使他的面部有些粗糙，浓密的络腮胡为他增添了几分豪爽，两道浓眉压得很低，双目炯炯有神。他看到库克船长在盯着自己，便向对方轻轻地点了点头，以示致意。库克船长眼睛一亮："这正是我要寻找的人呀！"

"约翰，发表一下你的意见吧。"库克船长朝坐在对面的约翰·雷特阿德说道。

"库克，你要我说吗？"约翰·雷特阿德停顿了片刻，接着说，"尼日尔河是在非洲南部，要找到它的确切位置，有 2 条路可走：一条是走水路，到达冈比亚后再上岸进行探寻，再一条就是往南直接穿越撒哈拉沙漠。当然，我们如果从水上走，可能驾轻就熟，但我认为，穿越撒哈拉大沙漠更富挑战性，打通这条道路，对将来发展与撒哈拉地区的经济贸易等会起到很大的作用。"

约翰·雷特阿德一席话，给所有参加会议的人以很大的震撼。

库克船长一边听，一边频频点头："约翰说得在理。"

班克斯是非常了解约翰·雷特阿德的。他知道约翰曾经和库克船长一道在太平洋海域进行探险，获得了极大的成功，是探险界的后起之秀。

"约翰，你是不是想做一个挑战者？"班克斯用征询的口吻问道。

"班克斯先生，这正是我的意愿。如果承蒙您和在坐各位之意，安排我来做这一项工作的话，我将不胜荣幸。"

"难得你有这片心意，我想，在座的都可以提出候选人来，然后大家再进行表决。"班克斯说这话的时候，扫视了一下会场。

大家一致推举约翰·雷特阿德为协会第一个去非洲内陆的探险者，同时确定了穿越撒哈拉沙漠的路线。

1 个月后，约翰·雷特阿德在索何广场向协会成员们作最后的道别。在一片祝福声中，他向送行的人们挥了挥黑礼帽，跳上马车出发了。

望着远去的马车，班克斯低声喃喃："愿上帝保佑你。"

班克斯的祈祷，不知道是祝福，还是出于某种不祥的预感。

约翰·雷特阿德带着"促进非洲内陆开发协会"的重托，来到了文明古都——埃及开罗。法老们的金字塔迷倒了万千游客；狮身人面的斯芬克斯像，令人想起古希腊神话中斯芬克斯之谜。古希腊的文化与古埃及的文化有什么内在联系呢？文明古都的灿烂文化深深地吸引了雷特阿德，但他无暇太多地去顾及、考证这些历史，他要做的事情是要联系到能够与之同行、共同穿越撒哈拉沙漠的商队。

　　"请问先生，您为什么要去经历这千辛万苦，到撒哈拉的另一端？你既然不是去做买卖，也总该有些什么企图吧？"商队的首领对雷特阿德孤身一人到撒哈拉南边去很是迷惑。

　　"我只是受人之托去寻找尼日尔河。"雷特阿德有所隐瞒又不无诚实地回答道。

　　"去找一条河？"商队首领惊讶地瞪大了眼睛，"就为了找一条河，值得去跋涉这荒无人烟的大沙漠吗？"

　　"是的，也许您还不能理解，探险的价值就在于挑战和发现。"雷特阿德说的是心里话。他希望藉此机会确立自己在沙漠探险史上的地位。

　　"勇敢的年轻人，我很佩服您的胆识，我之所以愿意和您合作，完全是被您的这种精神所感动。您既然能抛弃荣华富贵，那又有什么做不到的呢？"商队首领终于接纳了雷特阿德的请求，同意让他跟随商队去撒哈拉的南边。在那里，有雷特阿德梦寐以求、奔腾不息的尼日尔河，还有那在传说中蕴藏着无限宝藏的通布图。想到这一切，雷特阿德笑了，仿佛好事就在前头。

　　雷特阿德跟着商队从埃及出发了。当他第一次见到"大漠孤烟直，长河落日圆"的壮观景象时，他陶醉了。柔软、细腻的黄沙在他的脚下涌动，回首望去，沙丘上留下了两行歪歪斜斜的脚印，使他更增添了几分快意：征服撒哈拉沙漠，探寻尼日尔河，一切都始于足下。但是好景不长，到达锡

尼日尔河

瓦绿洲后，雷特阿德染上了斑疹伤寒，时冷时热，商队首领对此束手无策。到后来，雷特阿德陷入半昏迷状态，每天只有很短的时间是清醒的。但他仍然无法忘怀"促进非洲内陆开发协会"赋予的重托，脑海里经常呈现出

他从未涉足的通布图的景象，在炽热阳光照射下泛着耀眼光芒的尼日尔河。雷特阿德意识到自己的生命即将结束。别了，库克船长；别了，班克斯先生。我雷特阿德再也不能跟着你们走遍万水千山，不能完成协会的重托了。

雷特阿德的脑海里又浮现出暮色中的索荷广场，那灯是多么的耀眼，马蹄声是多么的清脆，泰晤士河又是多么的娴静。在幻觉中，他非常清晰地看到自己走在尼日尔河畔的夕阳下，所有的一切又是多么的美好，那真是一个温馨的梦乡……

"尼日尔河……通布图……"雷特阿德断断续续地吐出了人生最后的话语，可惜已没有人能够听清他的话。撒哈拉的黄沙，尼日尔河的流水，通布图的宝藏，对雷特阿德来说，将永远只是一个遥远的梦幻了。"促进非洲内陆开发协会"的首次探险计划就这样夭折了，但是，他们在挫折面前并不气馁，决定继续探险。

1790 年的一天，英国贫穷士官丹尼尔·候东来到"促进非洲内陆开发协会"，求见班克斯先生。

"班克斯先生，我看到了贵会的征募广告，决定应征前往。不知您是否能够接受我的请求？"丹尼尔·候东十分诚恳地说。

"很好，年轻人，你有这个决心是一件很值得赞赏的事，你是否可以谈一下你对去南部探寻尼日尔河的计划？协会在通过你的计划后将为你提供这次探险的经费和一些设备。"

"班克斯先生，对于尼日尔河的探寻，我想走一条全新的路线。虽然对于撒哈拉沙漠的探险对我们来说是一件十分重要的大事，但我们的最终目的还是找到尼日尔河，找到传说中埋藏着巨大宝藏的通布图，并寻求在那里发展商业贸易的可能。因此，"丹尼尔·候东抿了下嘴唇，又继续说道，"跨越撒哈拉只是手段，我们真正的目的是尼日尔河，是通布图。所以，我的计划是先走水路，到冈比亚河口登陆后再向内陆纵深地区寻找。从资料上看，尼日尔河流域跨越了热带雨林、热带草原和热带沙漠 3 个气候带，而通布图很可能就在尼日尔河流域的沙漠地带边缘。班克斯先生，我希望协会支持我的计划。"丹尼尔·候东滔滔不绝地向班克斯全盘阐述了他的计划和理由，并很快取得了"促进非洲内陆开发协会"的认可，成为约翰·雷特阿德的继任者。

丹尼尔·侯东乘船抵达冈比亚河口，在那里上岸。他作了周密的策划，认为再向东走1个月，即可到达通布图，对此，侯东感到异常兴奋。他在冈比亚写了2封信，一封寄给远在英国的妻子，另一封写给了"促进非洲内陆开发协会"，报告自己的行踪。然而，这却成了他最后的信息。丹尼尔·侯东再也没有回来。

没有人知道丹尼尔·侯东是怎么失踪的，200年来，这成了通布图的一个悬案。

通布图，神秘而遥远的世界。

时间飞快地流逝。1796年，又有一位探险家找到了"促进非洲内陆开发协会"，提出了自己的探险计划。这位探险家不是应征而来的，他的探险活动完全出于自愿，他就是德国格特因大学的神学研究者弗雷特里齐·霍勒曼。这位德国人在探险计划中勾勒了一个自北而南的行进路线：从埃及的开罗出发，向南方的墨尔苏奎挺进，然后再南下卡西那，穿越整个撒哈拉大沙漠，直取非洲南部的尼日尔河。

通布图

霍勒曼为了在探险行动中避免不必要的麻烦，特意花了一年的时间学习阿拉伯语，并且找到一支准备前往撒哈拉地区的商队。就在这时候，霍勒曼接到了班克斯来自英国的一封信。班克斯在信中说，从英国朴次茅斯出发的蒙哥·帕尔克结束了对尼日尔河上游地区的探险，同时放弃了去通布图的行动。班克斯叙述了帕尔克当时的情况："到达塞固后，再走14天，帕尔克就可以到达通布图。可是，途中遇到的人都警告他，如果他前往的地区是穆斯林地区，那他作为基督徒就很有可能会被杀害。帕尔克听了这种警告，便放弃了到通布图的打算。"班克斯在信中再三告诫霍勒曼，撒哈拉沙漠的广大地区几乎都是伊斯兰教的势力范围，对信仰问题要十分注意，以免发生不测。

商队经数日的旅行后，到达了锡瓦绿洲，这是前往撒哈拉沙漠中的一个主要休息地。当看到锡瓦绿洲的宙斯·安曼神殿时，霍勒曼激动不已。他徜徉在神殿的遗址中，以无比景仰的心情抚摸着神殿的残垣断壁，仔细地辨认着历尽沧桑已日渐风化的石刻。那些图案，记载着许多他所熟悉的神话故事。当年，他作为神学研究者，在大学图书馆里看到的有关历史，此时是那么寂静无声地呈现在他的眼前，他恨不得把眼前的这座神殿遗址拥入自己的怀中。

霍勒曼对宙斯·安曼神殿遗址表现出来的浓厚兴趣，引起了伊斯兰教徒的怀疑。他们开始怀疑这位白皮肤的霍勒曼可能是一位化装成伊斯兰教徒的基督徒。几天后，几个伊斯兰教徒询问了霍勒曼，他们想测知霍勒曼对伊斯兰教的信仰程度。在伊斯兰教徒的诘问下，这

神殿的遗址锡瓦绿洲

位来自德国的神学研究者表现出对伊斯兰教虔诚的态度。他处事不乱，沉着应付，对答如流。询问者很满意，确认了他的伊斯兰教徒身份，允许他和商队一起前进。这是霍勒曼探险旅途中的第一次死里逃生。

1801年的春天，霍勒曼终于穿越了撒哈拉沙漠，找到了沙漠南端的尼尔日河，但他仅仅对尼日尔河进行了一天的考察，就在卡波尼的小村庄里孤独地去世了，年仅29岁。

霍勒曼穿越撒哈拉沙漠的旅行，并没有给后人留下更多的文字记录，但人们并未因此而贬低他的探险价值。因为就其功绩而论，他毕竟是继古

罗马人之后第一位跨越撒哈拉沙漠的欧洲人。

后来的探险家们沿着霍勒曼的探险路线行进，结果发现，霍勒曼是从波奴走过了撒哈拉沙漠，西进到卡西那，然后再往南行，抵达尼日尔河，并完成了他的尼日尔河一日之旅。

揭开"死亡之海"的面纱

塔克拉玛干沙漠，这片"死亡之海"在洪荒时期曾四度为海。若干万年前，由于欧亚板块与印度板块的碰撞挤压，昆仑山、天山、阿尔金山迅速隆起，封闭了塔里木，隔绝了来自海洋的暖流和水蒸气，古海逐渐干涸，日久生成了塔里木盆地与其中的塔克拉玛干沙漠。

荒无人烟的阿拉伯沙漠，因地下喷薄而出的石油而富裕，那塔克拉玛干呢？谁敢说它不会成为第二个中东？地震勘探队在塔里木做了长达5万多千米的地质大剖面后发现，这里的地质构造骨架为"三隆四坳"，位于塔克拉玛干沙漠的塔中一号构造，是我国已知的最大背斜构造。大量资料表明，塔里木是一个复合型含油气盆地。这些资料来自塔里木，来自塔克拉玛干的腹地。

1830沙漠队是最早挺进塔克拉玛干的一支劲旅。8年来，他们在那里经历了生生死死，经受了许多想象得到的和难以想象的磨难，他们要向这"死亡之海"挑战，揭开它的面纱。

"死亡之海"

1982年，中国石油部地球物理勘探局和美国地球物理服务公司，在北京签订了"中国西部塔里木盆地地球物理勘探服务"合同。次年5月，3个装备精良的队伍开进了塔里木，闯入塔克拉玛干大沙漠，开始了史无前例的地球物理勘探活动。这是人类历史上的壮举。

嵩忠信，1830沙漠队的队长，人称"酋长"。他从进入塔克拉玛干沙漠的第一天起，就把自己献给了这片"死亡之海"。

塔克拉玛干沙漠是风的世界，风塑造了这里的沙质地面形态，风像恶魔一样蹂躏着沙漠。

剽悍的沙漠酋长嵩忠信最恼的是风，最毛的也是风。曾经有几回，他在沙海里颠腾，硬是把迷途的伙伴从死亡线上拉回来。

这天，水罐车司机王玉坤到百里之外的塔里木河拉水，一场黑风沙暴袭来，把运输线路切断了，王玉坤被困在了半路上，直到夜半三更还不见回来。

"玉坤该不会出事吧？他被困在了什么地方呢？"酋长坐卧不安，弟兄们也一个个愁眉苦脸的。

这时，风越刮越大，连营房车都给刮得摇摇晃晃，像个醉鬼似的。

第二天早晨，黑风沙暴还是一个劲地刮着。天到该亮的时候却还是黑的，伸手不见五指，整个天地混沌一片。曾经在好几个大沙漠上滚了半辈子的美方代理人瓦尔先生，见此情景也沉不住气了。他脸色变得煞白，神色紧张，一手抓起报话机向库尔勒基地发出紧急呼救："基地，基地，我是一队，我们这里出现黑风沙暴，处境十分危险。黑风再刮下去，后果不堪设想……"

还未等瓦尔先生把话说完，电台的信号就中断了。

"喂，基地！喂！喂，基地！"

话筒里毫无回音。瓦尔盯着手中的话筒，半晌说不出话来。营房里的气氛一下子紧张了起来。在这种时候和基地失去联系，意味着他们自己也无法得到救援。

酋长两手叉在腰上，站在窗前朝外看着。其实，他什么也看不到。他仍然在想被困在沙漠中下落不明、生死未卜的王玉坤。

外面依旧狂风怒吼，依旧天昏地暗。酋长那鼓鼓的胸膛里好像装着一团火，随时都会喷发出来，他无可奈何地攥紧拳头，浑身发抖。营房里所有的人都不敢说话：为王玉坤，为酋长，也为自己。

终于，黑风沙暴有了一点点减弱。蒿忠信迫不及待地冲了出去，和司机一道，驾着车去找王玉坤。

"等等，我下车去给你引路。"蒿忠信对司机说。

"你不活啦！"司机大声喊，"这外头是人去的吗？"

"你开你的车吧！不然我们也没法前进。"蒿忠信说完，打开车门，钻了出去。

就这样，一个在车外指挥，一个小心翼翼地开着车，他们一边找路，一边找着王玉坤。

"快看，那边有个家伙，准是。"

顺着蒿忠信手指的方向，司机也看到了伏在沙丘上的家伙，凭着驾驶员的职业敏感，他知道他们找到了王玉坤。

车子越驶越近。看清楚了，那是王玉坤的水罐车。蒿忠信不等车子停稳就跳下车，在沙漠里深一步浅一步地跑着。

"玉坤，玉坤，玉坤——"

蒿忠信打开王玉坤的车门，一下子扑了过去，紧紧地抱住了王玉坤的双肩。他望着王玉坤疲惫不堪的样子和那扑满沙尘的面孔，哽咽着半天说不出一句话来。

靠吃馒头维持生命，在车子里困守了2天2夜没有叫过苦的硬汉子王玉坤，此刻看到队长在黑风沙暴中突然出现在自己面前，感动得双眼噙满了泪水。

世界上没有比这生死与共的友爱感情更珍贵了。正是这种血肉相亲的友爱感情，把1830沙漠队的100多条汉子联结成了一个整体，正是这种血肉相亲的友爱感情，支撑着他们不仅在"死亡之海"中生存下来，而且任何艰难险阻，都不能使他们屈服。塔克拉玛干沙漠的艰苦生活把人们的感情净化了，心和心贴在了一起。你的困苦就是我的困苦，你的欢乐就是我的欢乐。

1830沙漠队在沙漠里的工作是极其艰苦的。不错，他们有精良的设备，但他们已不再像初期的探险家们只是在沙漠中走个来回，记载下那里的风土人情，沟通与当地土著的关系，成功者便在版图上标上一条通越沙漠的路线。当代的沙漠探险更多的是从科学的方面、经济开发的价值进行考虑的。几年来，1830 沙漠队在塔克拉玛干扎下了"根"，他们的足迹踏遍了这片浩瀚的沙漠，搞测线、推路、钻井，还搞地震放炮。为了事业，他们牺牲了家庭，牺牲了自己。在他们的眼中，还有什么比

塔克拉玛干沙漠

为祖国寻找石油热源更重要呢？所受的种种苦难又算得了什么？他们都已经爱上了塔克拉玛干这个"死亡之海"了。

推土机手冯志文，绰号"拼命三郎"。说起这个"拼命三郎"的绰号，还有一段故事在里面。

冯志文开推土机，经常是没日没夜。有时一天 10 几小时开下来，连放在驾驶室里的水和干粮都没动一下。有一次，冯志文竟然在驾驶室内累昏过去，一头栽倒在操纵杆上。无人操纵的推土机就这么开着，一直顶到沙丘上才停下来。推土机一震，他醒了过来，抬起头，发觉鼻腔发热，鲜血直流，滴在了衣服上，裤子上。他从口袋里摸了张纸，揉一揉、搓一搓，往鼻孔里一塞，又发动推土机开了起来。待回到营地，大伙儿见他鼻孔里塞了团纸，满身都是血，还以为他跟谁打架了。一问，才知道事情的真相。从此，大伙儿都叫他"拼命三郎"。

有一回，冯志文也像王玉坤一样，一个人被风暴困在沙漠里，8 天 8 夜没有音信。大家都以为"拼命三郎"这回完了。第九天，风小的时候，他挣扎着连滚带爬地找回了营地。

塔克拉玛干的恶劣气候，在世界上大概也是首屈一指的了。美国人麦克曾去过沙特阿拉伯沙漠、突尼斯沙漠、利比亚和撒哈拉大沙漠，他认为塔克拉玛干沙漠最艰苦最可怕。

夏天，沙漠里气温高达 73℃，热得像个大蒸笼，太阳烤得人火烧火燎，

71

烤得沙地滚烫滚烫，让人无法下脚。冬天，气温则降到 -30℃，还下起鹅毛大雪，整个沙漠一片银装素裹。在这冰天雪地里，队员们被冻得手脚开裂流血，无法行动。谁领教过全年 100℃ 的温差呢？

最怕的要算断水。塔克拉玛干的气候异常干燥，空气里几乎没有一点水分，热风吹得大家嘴唇干裂，每人每天即使喝 10 千克的水，也无法解决难忍的干渴。

那一次，天气火辣辣的，副队长马兆宇从野外返回营地。他头顶火热的太阳，脚踩滚烫的沙地，渴得喉咙像冒了烟似的，全身都软瘫了。他大口大口地喘着气，几次都想坐下来歇一会儿，可是，滚烫的沙地使他坐也坐不下去。他昏昏沉沉的，几乎是下意识地挪动着脚步。10 千米的路，他竟走了 4 个小时。在离营地只有百来米的地方，他渴得实在坚持不住了，看见身旁有个大水坑，便急不可耐地跳将进去，张开嘴大口大口地喝了起来。他明明知道这坑里的水又苦又咸不能喝，喝多了还要拉肚子，但马兆宇顾不了那么多了，最后连整个人都泡在了水坑里，半天都不愿动一下。

传统的说法是在这"死亡之海"里不会有水，水和这样极端干旱的沙漠是绝缘的。蒿忠信偏不信，他带着弟兄们闯入了沙漠的腹地。

"嘿，酋长，这沙漠无边无际，再这么走下去还活不活呀？"冯志文问道。

"怎么啦？才来几天呀，你？"

"听说国外的沙漠，百把千米内总有个水塘或绿洲什么的，可咱这，光秃秃的什么都没有。"冯志文说道。

"阿文，你懂不懂咱这叫处女地。"蒿忠信借题发挥，"这处女地嘛，就是说还没有人来过，咱们呀，是第一拨，谁给咱开水塘？咱们要不挖个水塘，这永远都没水。"

蓦然，蒿忠信发现了几棵柽柳树，这玩意儿在这儿是怎么活下来的？再有能耐，也得有水呀。蒿忠信来了劲，指着那几棵红柳，对队员们喊道："你们都过来，看着，就从这里往下挖，我就不信挖不出个名堂来！"

冯志文几人不信，他们见蒿忠信认真了，咋了下舌头，说："酋长，这儿挖不出什么名堂的，你就饶了我们吧。"

"怎么？不信？今儿个就要你们挖。"蒿忠信发狠道。

冯志文无可奈何地驾着拖拉机试着往下推，好不容易推出了一个4米多深、20多米长的大坑，仍然不见水。

"我说吧，酋长，你这可是犯了主观主义了。"冯志文说道。

蒿忠信有些垂头丧气，口气却很硬："这儿应该有水才对，不然这树是怎么长的？"

大家你一言我一语地争了半天，也没有个结果，只好作罢。

第二天早晨，天刚蒙蒙亮，蒿忠信就起来了，他还惦记着昨天的那个大坑，便跑去看看。这一看，把他给看呆了——大水坑里竟渗出了2米多深的清水。

"哎，大家快来看，出水啦！出水啦！"蒿忠信欣喜万分，他简直不能相信自己的眼睛。没打出水时，他希望能打出水，真的打出了水，他又难以相信眼前的一切是真的。

"哇，这水好苦好涩啊！"冯志文尝了一口大叫起来。

"苦，再苦也是水呀！"蒿忠信仍然为在沙漠中找到了水而高兴。

虽然，这水是苦水，又咸又涩，但终究证明了"死亡之海"底下是有水的。有水，就可以净化；有水，就能在沙漠中生存下去；有水，以后开发大油田就不用犯愁了。

蒿忠信和他的队员们乐得直蹦，直跳。这天是1983年7月1日。这是沙漠队挑战塔克拉玛干所赢得的前所未有的胜利。自此以后，沙漠队每挪动一个营地，便推出一个大水坑。随着一条条横穿大漠的地震测线，也留下了一个个叫人心花怒放的水坑，足有200多个。这办法后来在各队中都推广开来了。

国务院的一位领导听说在塔克拉玛干沙漠中找到了地下水，高兴地说："这个发现，不亚于在沙漠里找到了油田。"

蒿忠信和他的队员们在与沙漠的较量中，吃尽了无数的苦头，也接受了死神的挑战，但是他们所得到的快乐，也是外人难以体会到的。他们完成了一条又一条测线和一个又一个剖面的测定，从一个营地转换到另一个营地。这意味着他们在和"死亡之海"的决斗中，一步又一步地向前迈进。

当他们回头望着自己在塔克拉玛干沙漠留下的一个个脚印的时候，内心充满了无限的喜悦，这是把死亡踩在脚下的征服者的脚印呵！

在"死亡之海"的日日夜夜里，蒿忠信最难忘怀的是第一年的中秋节。

那是 1983 年 9 月 21 日，农历八月十五。清晨，蒿忠信叮咛食堂做好月饼，并准备一顿丰富的晚餐，随即来到了施工现场。

在施工现场，他看到袁惠兴的推土机被一座特大的沙丘堵住了，费了老大劲也推不出一条路。

蒿忠信便让袁惠兴从低缓的地方绕过去。但是，当太阳快落山的时候，他望见小袁的推土机在 5 千米以外的地方闪现了一下，却突然没影了。

蒿忠信知道不妙，赶忙脱下红色信号衣，使劲向远处摇晃，一边摇晃一边喊叫。可是，隔着那么远，小袁压根没听见。蒿忠信急得撒腿就朝小袁消失的方向追去，连靴子也不知啥时跑丢了，一直追到天黑仍然不见小袁。

蒿忠信跑得两腿发软，又累又饿，不知不觉昏了过去。当他在沙窝里醒过来的时候，意识到小袁还处在危险境地，得赶快向基地报告。蒿忠信挣扎着爬起来，跌跌撞撞地往回走。

终于，他看到了营房的灯光，还有星星点点的手电光和队员们焦虑的呼喊声。蒿忠信想喊，但是他连喊的力气也没了。队员们发现了昏迷的蒿忠信，七手八脚地把他扶回了营房，待他醒来后，又忙着给他端饭，还递过来一块月饼。他看到月饼，又想起了失踪的小袁。

"快，给库尔勒基地发话，小袁失踪了。我找了好半天没找着。"蒿忠信急切地说。

基地获讯后，立即派出直升飞机，终于在 10 千米外的荒漠上找到了小袁。这天晚上，小袁只穿着一件背心，孤身一人困守在驾驶室里，忍受着寒冷和饥饿。小袁被直升飞机救回来了，弟兄们抢着送吃送喝，蒿忠信把那块月饼塞到了小袁手中。小袁接过月饼，捧在手心上，呆呆地望着，大滴大滴的泪珠滚了下来，他哭了。

这年的中秋节就是这样度过的。他们的辛苦结出了硕果。1988 年 5 月 5 日，塔中一井正式开钻。1988 年 10 月 19 日的 19 点 30 分，落日斜照在连绵起伏的沙丘上，为塔中一井井架涂上了一层金色，井场旁的沙山上，有 100

多人正满怀希望地等待着。油井排出白色的水，过了大约40分钟，水渐渐变黄，且喷势越来越大，呼啸着，散发着油香。

20点30分，油田出油了。人们狂呼着、跳跃着、欢呼声和喷油声交织在一起，那喷涌着的油气流中分明跳跃着热烈的希望。整个油田沸腾了，塔克拉玛干苏醒了。

为了揭开祖国西部这片"死亡之海"的神秘面纱，30多年来，300多名找油壮士献出了宝贵的生命。今天，"死亡之海"的奥秘正在被揭开，人们没有理由不相信，在这片广袤的沙漠下，奔涌着油的海洋。

■ 挑战珠峰

喜马拉雅征服史

在其他地方的冰峰雪岭都被勇敢的人类轮番"踏平"之后，人们便把注意力转移到高山林立、险峰无数的亚洲来了。全球大约200座海拔7000米以上的高峰，几乎都集中在亚洲（仅南美洲最高峰汉科乌马山除外）。世界上8000米以上高峰仅有14座，10座在中国和尼泊尔交界的喜马拉雅山脉，4座在中国和巴基斯坦交界的喀喇昆仑山上。8000米以上高峰，氧气稀薄（含量只有海平面的1/4），酷寒（气温常在 $-30℃ \sim -40℃$），烈风（风速每秒50米以上），加上险象环生的巨大冰川（包括百米高的冰墙雪崖、深邃的冰裂缝和随时可能爆发的雪崩、冰崩、滚石等等），显然危险性和攀登难度大大高于阿尔卑斯山区，因此登山运动刚刚兴起的时候，人们根本不敢问津。要进行这样的高山探险，当时必须携带足够的氧气设备和组织大规模的运输、后勤支援队员，途中还要建立多处高山营地。

19世纪中叶，英国探险队开始对喜马拉雅和喀喇昆仑的不同高峰进行了数十次的攀登尝试，做了大量的测绘、考察工作，1860年曾登上了海拔7025米的希拉山。至19世纪下半叶，在喜马拉雅活动的探险队已有20多个；20世纪上半叶，数目猛增到80多个，其中大部分是英国探险队。不过在19世纪里，直至1950年以前，并没有一支探险队能够攀登到8000米的高度。1907年

6月12日，由朗格斯特夫少校率领的英国军事登山队，有3人登上了喜马拉雅海拔7120米的特里苏尔峰，正式拉开了"高山探险时代"的帷幕。

这个高山登山纪录一直保持了20多年之久，直到1930年英国登山队成功地登上喜马拉雅海拔7459米的约翰逊峰后才被打破，1931年，另一座海拔7755米的加麦特峰被征服。1933年，前苏联登山家也顺利地登上了前苏联境内最高峰——帕米尔高原上海拔7495米的共产主义峰。3年之后，喜马拉雅一座海拔7816米的山峰被英国人登上，这是第二次世界大战之前所征服的最高山峰。

世界之巅珠穆朗玛峰耸立在中尼边境上，海拔8848.13米。"珠穆朗玛"在藏语中的意思是"第三女神"；尼泊尔人称萨加玛塔，意为"高达天庭的山峰"。它令无数登山家心驰神往、跃跃欲试，在世界登山探险史上最是出尽风头。第一次世界大战刚刚结束不久，1919年3月间，当时担任英国登山俱乐部理事会会长的帕希·法拉在伦敦正式宣布，英国登山俱乐部从当年起，将开始组织和筹备征服珠峰的活动。

1921年，豪伍德·布里率领第一支英国登山队首次从北坡及东坡对珠峰进行侦察，发现了由中国境内东绒布冰川经北坳沿东北山脊向上登顶的可行路线。1年之后，布鲁斯将军率领第二支英国登山队沿上述路线向顶峰突击，有2人在没有使用氧气装备的情况下到达8225米的高度；第二次突击又有2人靠氧气装备前进了60多米；然而在发起第三次突击时，惨遭雪崩的重击，7名尼泊尔搬运夫和向导遇难身亡，不得不宣告失败。

世界之巅珠穆朗玛峰

接着，1924年5月，弗·诺顿带着第三支英国登山队，仍从珠峰北坡登山。当诺顿等人到达约 8570 米高度时，因天气变坏、氧气不足而被迫下山（这个高度在第二次世界大战前，一直是国际高山探险得到承认的最高记录）。6 月初天气好转，38 岁的著名登山家乔治·玛洛里和 22 岁的阿宾，被选为突击队员向顶峰再次发起冲击。当他俩越过 8600 米的"第二台阶"（珠峰北坡天险之一）之后，就再也没有回来。他们的死，在英国引起很大震动。人们为玛洛里举行了隆重的具有国葬规模的葬礼，这在英国和国际登山探险史上还是第一次，它再次证明英国对开展亚洲高山探险活动的重视。1933 年，由 16 人组成的第四支英国登山队，在沿着 1924 年的路线上攀时，虽然登顶仍没有取得成功，但却意外地发现了 9 年之前玛洛里 2 人遗留下的一支冰镐和一节登山绳。他俩是还没有登顶就落难的，还是在征服顶峰后才遭不测的，他们是怎样失踪的（据说当时天气非常之好，他俩的体力也很棒），便成了珠峰探险史上至今没有解开的一件大悬案。

1934 年，英国陆军米·威尔逊大尉试图使用轻型飞机进行单独登山，结果飞机损坏，他受了轻伤。后来他又雇佣一些当地人协助登山，但在一场风暴之后，他被冻死在 6400 米高度处。此后在 1935、1936、1938 三年中，又有 3 支英国登山队攀登珠峰没有成功。

在英国探险家竭尽全力想要征服珠峰的同时，美国、德国的登山队也开始向海拔 8125 米的南迦帕尔巴特峰宣战。可是 1934、1937 年 2 次都是全军覆没，共牺牲了 25 人。1938 年，又一支美国登山队在经过 3 年的准备之后，计划攀登位于喀喇昆仑山的世界第二高峰，海拔 8611 米的乔戈里峰。但他们力不从心，登上东北山脊 7925 米高度之后，就再也无法前进，而且天气变坏，只好撤退。他们不甘心失败，第二年原班人马卷土重来。开始时他们前进得挺顺利，越过 8000 米高度。可是在离顶峰仅 230 米的位置上，又遇天气突变，无法继续攀登，4 名突击队员去向不明，造成登山探险史上又一次重大不幸事故。

第二次世界大战以后，迎来了一个新的登山探险高潮。首先是 1950 年 6 月，由法国著名登山家莫利斯·埃尔佐格带领的一支 6 人喜马拉雅登山队，在尼泊尔雇佣了 150 名搬运工。由于他们兵强马壮，准备充分，并使用了各种坚固耐用新式的登山工具和装备，终于有埃尔佐格和拉什耐尔 2 人登上了海拔

8091 米的世界第十高峰——安那普鲁峰，在人类登山史上率先创造了第一次登上 8000 米以上高峰的成功记录，打开了通向地球 14 座 8000 米以上高峰的大门，从而为喜马拉雅迎来了它的"黄金时代"。可是这两位凯旋者的手脚冻得发紫，后来手指的第一、第二节和全部脚趾都一个不剩地被切除掉了。

法国登山队的成功，使欧洲许多国家的探险界大为震动。1950～1952 年，英国、美国、丹麦、瑞士等几支探险队加紧从南、北坡试登珠峰，急欲夺取登上世界最高峰的桂冠。瑞士队探明从尼泊尔境内即南坡攀登珠峰比北坡容易得多。"每个探险队都是踏着先行者的肩前进的。"1953 年 5 月，第九支英国珠峰登山队在队长约翰·汉特率领下，使用瑞士队探明的路线即南坡攀登珠峰。

5 月 26 日，汉特等组成的 6 人突击组终于吃力地来到海拔 8330 米的高度，设置了第九号营地。但这时人员都已相当疲惫，随着以后高度的不断上升，突击组人数越减越少，到 28 日夜晚只剩下新西兰籍的队员埃德蒙特·希拉里和印度籍的向导丹增·诺尔盖两人了。离珠峰顶部越近，雪越深，行走起来就越感吃力。希拉里由于过度疲劳，行动已很困难，他每走一段路就要躺在雪地上大口地吸氧气。他和丹增轮流在前边开路，两人之间相距六七米，你走我停，我走你停地持续前进。29 日上午 11 时 30 分，走在前边的希拉里，眼前再也看不到比

南坡攀登珠峰

他更高的地方了，原来他们已经胜利到达地球的最高点啦！此时，2 个人热烈拥抱，相互纵情拍打，以表达他们在人类探险史上第一次征服地球之巅的喜悦心情。丹增的冰镐上分别悬挂着联合国、英国、尼泊尔和印度的四面小旗，希拉里给丹增拍了照，又将珠峰的东南西北面都收进镜头。由于氧气瓶内的

氧气即将耗尽，他们只得赶紧下山。丹增后来回忆说："在世界最高峰的顶上，我向南看到了山下尼泊尔一侧的丹勃齐寺，向北看到了西藏境内的绒布寺，我是世界上第一个同时能看到这山南和山北两座大寺庙的人。然而短短的 15 分钟对我们两个幸运儿来说，实在是太短促了……"。英国《泰晤士报》以头版重要位置和很长篇幅报道了这个国际登山史上的重大胜利。希拉里和丹增被人们誉为"喜马拉雅雪虎"，获得很大荣誉。后来英国女王给希拉里和队长汉特都赐了一个爵士的封号。美中不足的是，登上顶峰的 2 人中没有一个是英国人。

英国队的胜利极大地鼓舞了世界各国的探险家们，人们纷纷向剩下的其他 13 座高峰吹响了进军的号角，征服之战势如破竹。1953 年 7 月 3 日，联邦德国和奥地利联队中的海尔曼。布尔于夜间 2 点钟只身首次登上曾被称为"吃人的魔鬼山峰"的世界第 9 高峰南迦帕尔巴特峰，这在当时的个人登山史上是件了不起的事。1954 年 7 月 31 日，意大利 2 名队员成功登上世界第 2 高峰乔戈里峰。同年 10 月 19 日，奥地利登山队也登上了海拔 8135 米的世界第 8 高峰卓奥友峰。1955 年 5 月 15 日，法国队踏上海拔 8481 米的世界第 5 高峰马卡鲁峰。同年 5 月 25 日，英国登山队又征服了海拔 8598 米的世界第二高峰干城章嘉峰，这次登顶者全是英国人。1956 年 5 月 9 日，日本登山队成功地登上了海拔 8156 米的世界第 7 高峰玛纳斯鲁峰。同年 5 月 18 日，瑞士登山队在随英国队之后成为世界第二支登上珠峰的登山队的同时，又征服了珠峰的姊妹峰，海拔 8511 米的世界第 4 高峰洛子峰，创造了一个队在同一个时期里成功攀登两座 8000 米高峰的惊人记录。

1957 年 6 月 9 日，奥地利登山队登上喀喇昆仑山上的世界第 12 高峰，海拔 8047 米的布若洛阿特峰。7 月 7 日，另一支奥地利队支成功地征服了附近海拔 8035 米的迦舒尔布鲁木 II 峰，这是世界第 13 高峰。1958 年 7 月 5 日，美国登山队紧跟着踏上迦舒尔布鲁木 I 峰，它是世界第 11 高峰，海拔 8068 米。1960 年 5 月 13 日，瑞士登山队首次领略了世界第 6 高峰道拉吉里峰（海拔 8172 米）的迷人风光。1964 年 5 月 2 日，由 10 人组成的中国登山队集体征服了海拔 8012 米的世界第 14 高峰希夏邦马峰。至此，地球上 14 座 8000 米以上高峰，已全部被人类所征服。在世界登山史上，把 1905 ～ 1964 的这 14 年，称为"喜马拉雅的黄金时代"。

潜入海洋

■ 郑和下西洋

　　郑和（1371～1435），生于云南昆阳州（今云南省晋宁县），原姓马，可能是明初时祖上由西域迁居云南。其家世代信奉伊斯兰教，祖父和父亲都到伊斯兰圣地麦加去朝圣过，所以当时是一个颇有声望的回族大家庭。郑和可能自幼就从父亲那里知道一些麦加和西洋的情况。1381 年，朱元璋遣军攻云南，郑和的父亲就死于这一年。当时郑和才 12 岁。明初将领用兵边境，有俘虏阉割幼童的习惯，郑和就是一个牺牲品。他被送到燕王藩邸沦为一名帝王家的小奴隶。

　　朱棣发动"靖难之役"把建文帝赶下台，郑和作为内臣"出入战阵，多建奇功"，深得朱棣赏识而成为其亲信。当为下西洋组织的船队物色领队人选时，就选中了"姿貌才知、内侍中无与比者"的郑和。遂命郑和为下西洋的正使，率船队出海。

郑和（剧照）

80

　　"西洋"一词，在文献中最早见于元代，所指地域，各说不一，且随时而异。在郑和所处的时代，是承袭元朝时的概念。"西洋"是指今苏门答腊以西的北印度洋及其沿岸地区，包括孟加拉湾及其沿岸、印度半岛、阿拉伯海及其沿岸。这一带的国家，不是信奉佛教就是信奉伊斯兰教。郑和出身于伊斯兰家庭，后来皈依佛教，这是他出使的一个便利条件。

　　郑和船队规模很大，第一次出海时竟有海船 208 艘。大海船被称作"宝船"，即取宝之船，这是船队的主体。大型宝船长约 151.8 米，宽 61.6 米；中型宝船长约 136.5 米，宽 51.3 米。宝船皆多桅多帆，一个锚有几千斤重，舵杆有 11 米长，"篷帆锚舵，非两三百人莫能举动。"据估计，船队中最大的海船是 1500 吨级的，也有人估计是 2500 吨级的。在当时，这是世界上最大的船舶。郑和历次航海中，作为船队主体的这种宝船，约在 60 艘左右。船上人员分工极细，有使节及其随员、航海技术人员、船舶修理工匠、财经贸易人员、军事人员和翻译、医生、和尚等。2 万多名壮士乘坐百余艘（有时是 200 余艘）船只，浩浩荡荡地航行在印度洋上，云帆高张，昼夜星驰，"涉彼狂澜，若履通衢"，足可以想见它的雄伟壮观。

　　1405 年 7 月，郑和首次下西洋，从刘家河（今江苏太仓刘河镇）启航，出长江入海南下，到福建长乐五虎门（闽江口）做最后准备。待秋季东北信风起，船队顺风驶入南海，终点到印度南部的古里。1407 年夏，顺西南信风返航，9 月归国。第二次和第三次下西洋终点也是到古里。到达锡兰时向寺院布施了金 1 千钱，银 5 千钱，各色纻丝 50 匹，各色绢 50 匹，织金纻丝宝幡 4 对，香油 2500 斤，还有香炉、灯盏、檀香、金莲花等，种类与数量都大得惊人。

　　1412 年 12 月 18 日第四次出洋，终点是波斯湾的霍尔木兹，这是欧亚非三洲交通、贸易的交汇点。郑和船队到此后，同到其他地方一样，先宣读大明皇帝的诏谕，赠送礼物，然后购买各种珠宝异物，事毕回国。霍尔木兹国王也差遣使臣，备好金叶表文，携礼随船队来中国朝贡。这一次去途中，路过满剌加（马六甲），它本是隶属于暹罗的一个小王国，每年向暹罗纳金 40 两。郑和到这里赐给国王双台银印和冠带袍服，划定疆界，免除了暹罗对它的控制。船队在这里征得国王的同意，建立了排栅城垣和仓库，下西洋所需钱粮货物存放于此，以备后用。

1416年12月和1421年3月，朝廷先后命郑和送各国使臣回国，是为第五、第六2次下西洋。远抵阿拉伯半岛和非洲东海岸的木骨都束（索马里的摩加迪沙）、不剌哇（索马里境内）、麻林（肯尼亚的马林迪），带回的"宝"中有高2尺的珊瑚树，两钱重的大块猫眼石和狮子、金钱豹、鸵鸟、斑马等等。

明成祖在1424年死了，由其长子朱高炽继位。新皇帝登基的当天就下令停止下西洋。令郑和以船队守备南京。不过，这位仁宗皇帝很短命，在位不到1年就死掉了，再由其长子朱瞻基继位，是为明宣宗。他看到来朝的外国使节愈来愈少，很觉得不够体面，就令年近60的郑和第七次下西洋。1431年1月从南京下关龙湾开航，中途分成几路，其中有7人搭船访问了天方（麦加）。郑和本人在归途中，1433年4月中旬逝世于古里，可能葬于爪哇的三宝垄。

郑和七次鲸舟吼浪下，前后历时38年，共访问了30多个国家，开阔了中国人的眼界，加强了中国人民与亚非人民的友好关系。它还显示了中国人在造船、航海等方面的高超技术，表明了中国作为封建大一统的国家在政治、经济、文化上所达到的成熟程度和强大实力。它是古代和中古世界航海史中绝无仅有的伟大壮举！

然而，在郑和之后，明王朝又奉行起了闭关锁国的政策。

当郑和成就千古伟业而以身殉职之时，葡萄牙的冒险家们还没有越过西非的波加多尔角。但此后，经过60余年的累积拓进，他们终于到达了印度，1511年占领了马六甲，接着侵占香料群岛摩鹿古。又过不了多久，葡萄牙船只北上敲开了中国的大门，中国的君主们还依然在紫禁城中高枕酣睡。直待鸦片战争爆发时，才晓得外"夷"比我"天朝"厉害。

曾具明显优势的中国，在竞争的世界中蹉跎复蹉跎，到头来，唯有望洋兴叹而已。

深海探奇

世世代代生活在陆地上的人们，对海洋，尤其对深海缺乏了解，长期以来只能"望洋兴叹"。他们面对大海，看到的是水天一色，无边无际，碧波起伏，深不见底。是谁在统治着这神秘的"水的王国"？我们的祖先们曾用龙首人身的"东海龙王"和金碧辉煌的"海底龙宫"等一类美丽的神话故事来解释。

其实，从大陆到海洋盆地，两者之间通常都有一个过渡地带，科学家取名为大陆边缘。大陆边缘又由3部分组成：大陆架、大陆斜坡和陆基。大陆架是陆地向海洋的自然延伸，坡度平缓，水深不到200米，平均宽度不过65千米。大陆架往外是大陆斜坡，坡度很陡、平均宽度15～80千米，再往外是一片比较平坦的陆基，陆基外缘的平均深度可达4000米。与陆缘相连的，就是几千米深的大洋盆地了。

人们对海洋深处的调查是在19世纪开始的。英国海洋调查船"挑战者"号，于1872年12月7日，历时3年半，航程127580千米，对北冰洋以外的其他世界各大洋进行了第一次环球海洋考察。这次调查内容广泛，涉及海洋地质学和地理学、海洋化学、海洋物理学、海洋生物学等，是人类对海洋和海底进行系统探索的开端，具有划时代的意义。

"挑战者"号是一艘蒸汽动力轻巡洋舰，排水量2300吨，舰上设有实验室和测试设备。舰船由奇尔斯上校指挥，科学调查队队长是英国学者汤姆逊。他们在362个站位上进行了水文观测，492个站位进行深度测量，133个站位实施深水拖网，取得了12000个海底底质样品和数以万计的生物样品。通过考察，科学家们掌握了世界海洋深层水温的分布规律，得出了世界各海域海水化学成分恒定的重要结论。后来他们花费15年的时间编写了考察总结报告，报告共50卷，29500页、3000幅插图。

早在宋元年间，我国渔民和航海家就发明了"用长绳下钩，沉至海底取泥"和"下铅锤测量海水深浅"等办法。"挑战者"号测量海洋深浅，采用的也是这种老办法，即把一条末端系有重物的7000多米长的绳缆投进海洋，直至重物碰到海底，就能测知海洋的深度。这种方法费力费时，很不方便，而且精确度也低。

用光和电测量行不行呢？不行。光的透明度太差，海面下200米深处就几乎漆黑一片。水还能强烈吸收电磁波，所以雷达测深也无能为力。

海底勘测技术直到本世纪初才发生了一场革命。人们发现，声波能在水中长距离传播，传播速度达到每秒1500米，比在空气中的传播速度快4倍多；声波遇到物体还能发生反射，频率越高的声波反射率越大。正是根据这个原理，20世纪20年代，法国物理学家朗之万和俄罗斯科学家希洛夫斯基，最先研制出了回声测深仪，它根据发出声波和收到回声之间的时间间隔，即可测得海底的深度。把回声测深仪安装在船上，船只一面航行，一面测量，测量的结果自动记录到纸带上，看了纸带上给出的连续曲线，你就清楚地知道了航线上海底深浅变化的情况，真是既快速又准确。此外还发展了一种用潜水工具直接在海底摄影的办法，摄得的照片反映了海底地形的一切细节，这样的照片现在已经积累了数万张。

根据探测的结果，现在我们知道，海底绝不是像原先想象的那样平坦、单调，正相反，它的形态变化同陆地相比，实在是有过之而无不及。比如，它不仅有面积像大陆那么大的深海平原，还有比陆地上任何山岭更高的海底山。一般海底山都位于海面以下，但也有的海底山露出海面成为岛屿，如夏威夷群岛就是由一座座万米高的海底火山连成带状山脉露出海面形成的，它们比世界屋脊喜马拉雅山的最高峰珠穆朗玛峰还高出一大截。

此外，海底还有很多奇怪的平顶火山锥，山呈钟形，山顶平平的，绝大多数分布在太平洋底。为什么它们的山顶是平的呢？一种说法是：过去的海面要比今天低得多，在海水上升淹没它们之前，海浪的不断冲击已把它们的山顶逐渐削去。另一种更受欢迎的理论认为，平顶山的形成同今天的火山岛一样，当这种火山岛停止上升后，波涛的冲击把它们露出水面的部分刮平，后来海底下沉，平顶山也跟着没到水下去了。

更令人叹为观止的是海沟。它是深海海底长而窄、两侧陡急的洼地，最宽达千米，长2000多米，深于周围海底4000多米，多分布在大洋边缘，即陆地或岛弧的外侧，靠着岛弧的一面坡面很陡，靠着海洋的一面比较平缓。深度超过9000米的海沟已知有8条，这个深度相当于美国科罗拉多大峡谷深度的7倍。最深的海沟是位于关岛附近查林杰海盆的马里亚纳海沟，最大深度11035米，是地球表面上最深的地方，把世界第一高峰珠穆朗玛峰放进去，还要没入海面2000多米！

关于海底形态的一项最引人注目的发现，是1853年敷设欧洲美洲之间的海底电缆时获得的。在敷设电缆前进行的探测大西洋底地貌的过程中，发现大西洋底的正当中似乎存在着一个海底高原，他们把它称之为"电讯高原"。以后，"挑战者"号调查船在测量海底深度时也证实了这一点。

平顶火山锥美景

1925年，德国"流星"号调查船继英国"挑战"号之后对海洋进行了又一次具有划时代意义的科学考察，考察中采用 Tee 电子技术和现代科学方法，以观测精确著称。它首次应用电子回声探测仪对大西洋进行了更全面的深度探测，曾14次横渡大西洋，测深7万次，在海洋学史上首次清晰地提示了大洋底部起伏不平的轮廓，并证实大西洋中部确实存在着一条在形态上呈线状延伸的将大西洋一分为二的山脉，这个山脉的最高峰露出海面，那就是亚速尔群岛、阿森松岛、特里斯坦达库尼亚群岛等。这次考察限时2年零3个月。

后来又发现，这样的海底山脉不仅大西洋有，世界其他各大洋底也存在，这就是洋脊。在印度洋，特别是大西洋，洋脊位于大洋的正中间，洋脊两边的洋底地形呈现完美的对称图像，这样的洋脊也叫洋中脊。大西洋中脊北起北岛，向南延伸几乎到达南极，长达16000千米，宽约800千米。

太平洋洋脊有所不同：一条水下山脉比较宽缓，而且偏在太平洋东侧，一般叫它东太平洋中隆；在太平洋西部的海底上则有一系列走向大体西北的一排排山链，叫做海岭。东太平洋中隆沿着南北美大陆的西海岸纵贯南北，宽达2000～4000千米，高5000米，总长为13000千米，面积相当于南北美洲大陆的总和。

各大洋的洋脊彼此连接，构成了一个世界洋脊体系，全长达8万千米。

第二次世界大战后的1953年，科学家们又对海底进行了更为详细的调查，他们惊奇地发现正好在大洋中脊的轴线，有一条走向与洋脊一致的裂谷。往后我们将会知道，洋脊和裂谷的发现是20世纪地质科学发展中的重大事件。

太平洋洋脊

1个多世纪以前，人们还认为生命只是在海洋的上层才有。然而，1860年，人们从地中海2000米的深处拉上来的一条电缆上就附着有单体珊瑚等生物。过了8年，英国"闪电"号调查船在设得兰群岛和法罗群岛之间海域1100米的深处采集到大量的生物。1869~1870年，英国"豪猪"号调查船在爱尔兰西部、比斯开湾和法罗水道3次航行，于1800~4400米的深处取样16次，每次都获得了相当多的深海生物。正是在这个基础上，后来担任"挑战者"号调查船科学调查队队长的英国博物学家汤姆逊，于1872年发表的《深海》一书中指出："海洋中不存在无生命带，从表面到深海栖息着多种动物。"分布在最深处的生物，具有代表性的是无脊椎动物，由于深海水温低，这些动物的形态较小，与极海型生物相似；一种极小的生物——抱球虫的壳形成的软泥，覆盖在北大西洋的海底上。

事实上，英国皇家学会于1871年开始筹备组织的"挑战者"号考察，就是福布斯和汤姆孙关于海洋有无"无生命带"之争促成的。"挑战者"号在3年半的时间里，采集了数以万计的生物样品，发现了4417种新的生物物种，其中甲壳类动物的新物种就有上千种。大量深海生物的发现，证明它们能够承受巨大的水压，已经习惯于在那里生活。

除了海洋生物，"挑战者"号还发现了锰结核、深海软泥和红黏土等有用资源。其中特别是锰结核，"挑战者"号于1873年2月18日首次在北大西洋加那利群岛西南约 300 千米处的海底采集到，但直到 86 年后的 1959 年，美国科学家梅洛在系统地整理有关调察船对锰结核调察的成果时，才发现了它的真正价值。这种分布在 3 大洋底表面的像土豆一样的多金属结核，总储量达 3 万亿吨，最多的太平洋底就有 1.7 万亿吨，其中含镍 164 亿吨、铜 88 亿吨、钴 58 亿吨、锰 4000 亿吨，价值约 60 万亿美元。如按 1981 年的世界消耗量计算，锰结核中的镍可供全世界使用 2.4 万多年、铜 900 多年、钴 3.4 万多年、锰 1.8 万多年，可见海底锰结核确实是一个无与伦比的金属宝库。

研究外层空间最好是把人送到那里去，同样，海洋深处也急切地等待着有志者去征服。但是，直到宇航员已经在太空到处遨游的时候，近在身边的深海仍然不能让人自由漫步。太空是一个失重的世界，大海则以巨大的压力把人拒之门外。直到今天，对潜水员的身体无损害的安全潜水深度，一般公认只有 60～70 米，超过这个深度就有生命危险。

世界上的第一个潜水装置，据说是公元前 332 年亚里士多德和马其顿国王亚历山大发明的。人坐在这个钟形容器中，通过透明的了望孔，可以看到泰尔城郊修筑的港堤底部的情况。17 世纪末，英国人伽列依用一根管子使潜水气钟与外界大气相通，这样的"潜水沉箱"可以下放到 165 米的最大深度。把人送往海底的第一件实用潜水衣是西贝在 1830 年设计的。1837 年，潜水员穿着一种软潜水服可以潜入水下 180 米。以后人们又发明了硬潜水服，人穿着它创造了下潜 350 米的新纪录。

进入 20 世纪后，人们开始研制各种各样的潜水器，人开始坐进潜水器向海洋的深处进军。

1911 年，工程师加尔曼乘坐自己设计的潜水箱下到了 458 米深处。1929 年，美国海洋学家比勃和巴顿设计研制出了第一个真正的潜水器，它是一个直径 1.45 米的钢球，壁厚 32 毫米，内有氧气瓶、探照灯和同水面保持联系的电话通信装置、一根缆索从潜水器伸出海面、由船只曳引着它前进。1930 年，他们乘坐这个潜水球下潜到 435 米深的海里；1934 年 8 月 11 日，他们来到了 923 米的深度；15 年后这个纪录又被他们新研制的同类型潜水球打破，潜入深海达 1375 米。

1884 年 1 月 28 日出生的奥·皮卡德是一位瑞士物理学家，毕业于苏黎世理工学院。他早年醉心于大气层探索，曾建造过升入平流层的气球。1948 年，他忽然把眼光从天上转向地下，开始致力于深海的研究，曾研制过 2 种潜水器 "FNRS-3" 号和 "的里雅斯特" 号。1953 年 9 月，奥·皮卡德带着他 31 岁的儿子杰·皮尔德，乘坐 "的里雅斯特" 号在第勒尼安海潜入 3700 米的深处。1 年后，法国科学家乘坐 "FNRS-3" 号在非洲西岸下潜到 4050 米。接着，皮卡德父子再接再厉，揭开了潜水器探测深海最激动人心的一幕。

小皮卡德是瑞士海洋工程学家、生态学家和物理学家，他始终是他父亲老皮卡德的得力助手，"里雅斯特" 号潜水器就是由他们共同设计，在意大利的里雅斯特城的一家工厂制造的。这个潜水器改装后长 18 米、宽 3.4 米、高 5.5 米、重 45 吨，可载 2～3 人。

1958 年，美国海军买下了 "的里雅斯特" 号，小皮卡德也被美国聘请为顾问。经过改装，"的里雅斯特" 号的性能有了提高，在接着的几年里，小皮卡德驾驶着它多次刷新潜深的纪录：5000 米、

的里雅斯特

5530 米，直到 7315 米。最后他们决定：向世界大洋最深的海底深渊——马里亚纳海沟进军。

征服马里亚纳海沟行动（"浮游生物计划"）的日子选择在 1960 年 1 月 23 日，小皮卡德和美国海军上尉沃尔什一起坐进潜水器。上午 8 时 23 分下潜开始，开始下潜速度为每秒 1 米，潜深到 8250 米后减慢为 0.6 米/秒。11 时 44 分，潜深至 8800 米，这时的深度已与珠穆朗玛峰的高度相当。13 时，海底出现一道潜水器射出的朦胧亮光，这是人类第一次用光明驱散海底深

渊的黑暗,突然有一条2.3厘米长的红虾出现在玻璃舷窗前。13点06分,"的里雅斯特号"终于轻轻降落到海底。眼前像是一片乳白色的沙漠,堆积着硅藻遗骸组成的淤泥。玻璃舷窗前有一条长30厘米、宽15厘米的鱼游过,它有扁平的身躯,长着两只微凸的大眼睛。这一发现大出人们意外,因为万米深海是否有鱼类生存一直是个海洋学家争论不休的问题。

这里是10916米深的海底,人类探险史又创造了一个潜深新纪录。浩瀚的大海再也不能阻挡人类前进的步伐了。

后来,法国的"阿基米德"号潜水器又多次到深海探险,证明那里确实是一个充满生机的世界。1962年,"阿基米德"号下潜到深度为9562米的海沟,在那里漫游了3个小时,看到有浓密的藻类、鱼类和其他海洋动物。1973~1975年,"阿基米德"号和它的同伴"阿尔文"号、"塞纳"号一起,对地球上的大伤痕——大西洋中脊上的裂谷进行了调察,在2800米深的海底看到了宽达6~7.3米的巨蟹,在7000米深的裂谷中发现了海绵、软珊瑚和海百合。

■ 征服四大洋

在四大洋中,太平洋面积最广,深度最大,海湾、岛屿最多,火山、地震最频繁。它的面积达1亿7960万平方千米,占整个海洋面积的1/2。它的平均深度4000多米,最大深度11034米。它的周围有21个主要的附属湾和海,北面有白令海、鄂霍次克海和阿拉斯加湾。极地探险家阿蒙森开辟北冰洋西北航路时,就是乘"约阿"号穿过白令海峡,在白令海北岸的诺姆城靠岸的。西北面是日本海和我国的4个邻海。西面是爪哇海、苏禄海、苏拉威西海、巴厘海、佛罗勒斯海、马鲁古海、斯兰海、班达海和珊瑚海。麦哲伦梦寐以求的香料群岛就在马鲁古海的东岸。珊瑚海是世界第一大海,面积479.1万平方千米。太平洋靠近南极的几个海,全是用南极探险家的名字命名的,它们是罗斯海、阿蒙森海和别林斯高晋海。太平洋东北面只有一个加利福尼亚湾,东南面一个海湾也没有。

太平洋的岛屿总面积达440多万平方千米。粗略统计,岛屿数目约有

2.5万多个，真是一个"万岛之洋"！这些岛屿，大多分布在西部和中部，北部较少，东部和南部更是寥寥无几。北部的阿留申群岛，是一个奇妙的世界。那里冬天烈风呼啸，寒气逼人，春天和夏天浓雾迷漫，一片荒凉。在骚动着的寒冷海水下面，隐藏着异常丰富的海洋动植物群体，绚丽多彩。

散布在太平洋西部和中部的众多小岛，大部分属于火山岛和珊瑚礁。人们通常把这些小岛、小礁划分为波利尼西亚、密克罗尼西亚和美拉尼西亚3大区域。波利尼西亚意为"多岛群岛"，它所属的岛屿最多，占据的海域最大。夏威夷群岛、莱恩群岛、萨摩亚群岛、汤加群岛等都是它的成员。其中，西萨摩亚应是这一群岛的中心，被称为波利尼西亚的"心脏"。由于它处于航行要道，气候宜人，故又有"航海者之乡"的美名。

密克罗尼西亚意为"微型群岛"，因为它所属的许多岛都比较小。其中瑙鲁是世界上最小的一个岛国，面积21平方千米，全国只有1家商店，1所邮局，2家餐厅和1座只有16个床位的旅馆。

美拉尼西亚是"黑人群岛"的意思，因为岛上居民

太平洋

肤色黝黑，头发细软而卷曲，属黑色人种，故此得名。它位于西太平洋区，赤道和南回归线之间。最主要的有所罗门群岛、新赫布里底群岛、新喀里多尼亚岛和斐济群岛等，大多为大陆性岛屿。其中，斐济是西南太平洋交通运输的中心，具有重要的战略地位。岛上以产甘蔗著名，全国有1/4的劳动力从事种植甘蔗和制糖的生产，蔗糖是最重要的出口物，占出口总值的1/2，因此，该岛赢得了"甜岛"的称号。

大西洋是面积仅次于太平洋的第二大洋，面积为9336万平方千米。平均深度3626米，最深处在波多黎谷海沟，达9219米。大西洋的周围有14个海和湾，其中加勒比海最大，面积264万平方千米。巴芬湾和哈德逊湾是

人类探险史上伟大的发现

RENLEITANXIANSHISHANGWEIDADEFAXIAN

90

大西洋北部的海湾，是巴芬和哈德逊在寻找北极地区西北航路中首次发现的。大西洋的其它海湾有墨西哥湾、波罗的海、北海、比斯开湾、地中海、马尔马拉海、黑海、亚速海和几内亚湾。此外，大西洋中部偏西有一个马尾藻海，就是哥伦布首次航行时疑为陆地的海区。

大西洋的大部分岛屿集中在加勒比海的西北面，当年哥伦布就是被这些密密麻麻的岛屿弄得晕头转向，以为它们是印度周围的岛屿，因而把它们叫做"印度群岛"。

大西洋

印度洋是郑和七下西洋的主要海域，面积7491万平方千米，是世界第三大洋。平均深度为3897米，仅次于太平洋。阿米特兰海沟最深达9078米。

印度洋北部的许多海湾，都曾留下了郑和船队的航迹，如今这些海湾仍然发挥着重要的作用。孟加拉湾和阿拉伯海象两扇通往亚洲的大门，红海和波斯湾犹如两条插入中东的小道。阿曼湾把阿拉伯海和波斯湾牢牢锁住，亚丁湾则是出入红海的咽喉。马六甲海峡每年有三四万艘巨轮驶过，如果说马六甲海峡是印度洋与太平洋之间的一条重要的天然通道，那么，苏伊士运河便是一条更加重要的人造通道。苏伊士运河把红海和地中海连接起来，沟通了印度洋和大西洋的最短航路。在运河建成以前，从西欧到印度洋的船只，需要绕上一个特大的弯子；或者像葡萄牙人迪亚士那样绕非洲南端而入；或者循着麦哲伦的老路向西，绕南美的南端进来。这2条路至少都得绕9000千米的弯路。

印度洋东部，有安达曼海、萨武海、帝汶海和阿拉弗拉海·澳大利亚南部有一个大澳大利亚湾。

印度洋的岛屿也不少。马达加斯加岛（今马尔加什）、锡兰岛（今斯里兰卡，郑和曾到过的锡兰国）原来都是大陆的一部分。后来，它们同现在大陆之间的陆地下沉了，它们才成为岛屿。安达曼群岛、尼科巴群岛、雪马路岛、桑给巴尔岛和奔巴岛，也都是大陆岛。奔巴岛虽然只有1000平方千米的面积，但它每年生产的丁香却占世界总产量的98%，

印度洋

人们把它叫做"丁香之岛"。桑给巴尔岛长满椰子树，椰子及其产品的出口，在出口总值中占很大比重，那里的人们把椰子树称为"生命之树"。岛上的桑给巴尔城是一个童话般的城市，市区以圆环状突出在印度洋上，白石平铺，风景如画。港湾中星星点点布满了精巧的帆船。许多船的船体上绘着大幅彩色图画，刻着神采奕奕的神像。

你听说过火山能产生岛屿吗？海底火山爆发，常能堆成火山岛。印度洋的火山岛很多，留尼汪岛、科摩罗群岛、克尔格伦岛、克罗泽群岛等都是。

马尔代夫群岛却有着另一部成长史。它和我国南海诸岛一样，是由珊瑚遗骸构成的，属于珊瑚岛。珊瑚能构成许多奇妙的形状，有的像一个圆环紧密包围着岛屿，形成岸礁，有的珊瑚岛里面有平静的泻湖。印度洋中的珊瑚岛还有查戈斯群岛、阿米兰特群岛等。

北冰洋是四大洋中最小的一个洋，面积为1310万平方千米，只占海洋总面积的3.6%。它位于北极圈内，被亚洲、欧洲和北美洲大陆所围绕，是一个冰天雪地的世界。冬季浮冰面积达1000多万平方千米，夏季虽然融化了一部分，仍有2/3的洋面为冰雪所覆盖。正因为如此，皮尔里才利用冬季冰面扩大的机会，乘雪橇第一个到达了北极。这里的冰不仅多，而且厚，一般在2~4米，不要说探险家们的狗拉雪橇可以在上面行走，就是汽车也

可以通行，甚至重型飞机也可以在上面降落。越是接近极地，气候越寒冷，冰也越厚。在极顶附近，冰层竟可厚达30多米！

北冰洋也是最浅的一个大洋，平均深度只有1200多米，最大深度5449米。

北冰洋的岛屿很多，仅次于太平洋，总面积达400万平方千米。主要岛屿有格陵兰岛、斯匹次卑尔根群岛、维多利亚岛等。格陵兰岛是冰山的制造工厂，它制造出来的冰山，曾挡住了许多北极探险家前进的道路，戴维斯、巴芬等人不都是被冰山吓退了的么！斯匹次卑尔根群岛，层峦迭嶂，探险家巴伦支给它取名为"尖峭的陆地"。加拿大在北极群岛中有许多岛屿，阿蒙森曾在其中迂回曲折地航行过。

北冰洋

除巴伦支海外，北冰洋的附属海湾还有喀拉海、拉普帖夫海、东西伯利亚海、楚科奇海、波弗特海、白海、格陵兰海和挪威海。

北冰洋的战略地位是很重要的，越过北冰洋的航空线，大大缩短了亚洲、欧洲和北美洲之间的距离。如从纽约到莫斯科，飞经北冰洋要比横渡大西洋缩短将近1000千米的路程；从东京到伦敦，沿北极圈飞行，要比经过莫斯科的航线缩短1100多千米。不过，北冰洋上空气候恶劣，常有厚云浓雾和狂风暴雪，给飞行带来一定困难。但只要做好准确的气象预报，还是能保证飞行的安全。北冰洋的航海线也大大缩短了东西方之间的航路。探险家们为了开辟这条航线，曾做出了许多重大的牺牲。终于，阿蒙森率领的探险队打通了西北航路，对航海事业做出了重大的贡献。现在，已开辟了沿岸的航线。在夏季融冰季节，由破冰船导航，可以航行。人们还用潜艇开辟了北冰洋的水下航线，它不受冰的影响，一年四季可以通航。1958

年，美国海军核潜艇"鹦鹉螺"号，就从冰面之下进入北极极顶，胜利地穿过了北冰洋。

探险在继续

人类对海洋的认识，还远远没有结束。当人类的足迹已登上遥远的月球，近在我们身边的大海仍然还是神秘的。海洋探险仍在继续。

如果说，我们叙述的那些探险家主要是通过海上航行去了解海洋的面貌，那么，现代海洋探险家却是向海洋的广度和深度进军，用更加先进的科学方法，去揭示大海的秘密。倘若说，狂风、恶浪、寒冷和冰雪，是过去进行海洋探险的主要障碍，那么，深海中巨大的压力，则是现代深海探险家向深海探险需要战胜的最大难关。要知道，深度每增加 10 米，压力就要增加一个大气压，在 1 万米深的海底，压力将高达 1000 个大气压，相当于每平方厘米承受 1000 千克的压力，这是多么大的压力呵！

但是，人类探索海洋的决心是不可阻挡的。现在，人们已经使用了各种手段，向着诱人的"海底龙宫"挺进了。人们穿着潜水服，驾着深海潜艇，去海洋深处历险。20 世纪 60 年代，人类已在万米深渊——马里亚纳海沟留下了踪迹。人类在海底长期生活的理想，也正在逐步实现。人们已凭借饱和

海底龙宫示意图

潜水的新理论，较长时间地呆在几十米甚至几百米的海底，成为第一代"龙宫"里的居民。1962 年，美国在地中海进行的"海中人"计划，就让潜水员林克在 30 米的水下居住室里停留了 14 个小时，在那里用了午餐，吃了杏仁饼、奶酪、色拉和水果，然后顺利返回，从而开创了人类探索海洋的新纪元，不久，潜水员斯坦纽特又在 60 米深处的海底住室里生活了 24 小

时，并且精神抖擞地走出了减压舱。

1963 年，法国著名潜水员古斯托的"大陆架"计划，有 5 名潜水员在 10 米深处生活了 1 个月。1964 年"海中人"计划第二阶段实验时，斯坦纽特和林德伯尔格在水下 130 米深处度过了 2 天 2 夜。1965 年，庞大的美国"海洋实验室 2 号"潜水计划，将 30 个人分成 3 批，轮换到 62 米的海底去生活，总共历时 45 天。还有一只经过训练的海豚，每天为他们送信、送报！与此同时，法国"大陆架 3 号"计划也将 6 名潜水员送到 100 米深处生活了 21 天 17 小时 16 分钟。1969 年，美国"特克泰特"计划，4 名潜水员在大西洋维尔京群岛 15 米深的暖水中生活了 2 个月。1970 年"特克泰特 2 号"计划实施时，还有妇女参加哩！

为了去更深、更危险的深海进行探险，人们建造了专供科学考察用的潜艇和深潜器，利用它们能去几百米、几千米甚至上万米的地方探测海洋的秘密。其中，美国的"阿尔文"号、"特里特斯"号和法国的"阿基米德"号最负盛名。1965 年 11 月 17 日，美国的一颗氢弹落到西班牙帕洛马雷斯附近海中。为了寻找这颗氢弹，"阿尔文"号和另一艘深海艇"阿鲁明诺"号奉命出发。经过半个月的搜寻，"阿尔文"号在一个 3000 米的深渊里找到了氢弹，然后，利用水下机器人终于把氢弹打捞上来了。从这里，人们进一步看到了深海潜艇和水下机器人在深海作业中的巨大作用。

深海裂谷是地壳最薄的地方，高达 1200℃的熔岩流不断从裂缝中涌出，形成新的地壳。为了去这个奇妙的地方探险，1973～1974 年，

深海裂谷

美国和法国用"阿尔文"号等3艘载人深潜艇，对大西洋中脊裂谷进行了探险考察。这艘由5厘米厚的钛合金制成的、直径2米多的球形潜艇，由杰克驾驶，带着2名科学家下潜到了2700多米的深处。他们看到了高温熔岩像挤牙膏一样地从海底深处缓缓喷流出来，形成许多熔岩堆的海底扩张的壮观景象。

随着科学技术的突飞猛进，随着开发、利用海洋的不断发展，新的海洋探险热潮方兴未艾。不久的将来，那海洋深处的秘密，在海洋探险家们的勇敢探索下，终会大白于天下，就像过去在郑和、达·伽马、哥伦布、麦哲伦和阿蒙森等探险家的共同努力下，海洋的面貌较清楚地呈现在人们面前一样。

深海秘境

在我们这个星球上，人迹未到的地方还有很多，特别是深海洋底，人类几乎尚未涉足。这里要讲的是，一批法国和美国科学家，为了揭开大洋底的奥秘，亲身沉落大西洋底探险的故事。

"法摩斯"计划

20纪60年代，在地学领域兴起了一种解释地壳结构、地壳运动和海洋与大陆起源的学说——海底扩张—板块构造学说。为了验证这一崭新的重大学说，就必须潜入大洋底部，到海底扩张的地方——洋中脊（大洋中的水下山脉，也称海岭）的中央裂谷（地壳的裂缝处）去做实地考察。

1971年3月，法国研究海底的行家德比赛、勒皮雄、里福德和深海潜水器指挥官德弗罗贝维尔与美国著名地球物理学家赫塞博士在法国波尔多市会晤。双方一致认为可以利用深潜器对洋中脊的裂谷地带进行科学探险。他们提议把这件事列为法美合作的一个项目。

1971年11月，两国科学家再次在美国的伍兹·霍尔镇会晤。双方经过讨论，拟定了一项实验海底考察的计划，由科学家乘深潜器到水深约3000米的洋底进行考察，下潜地点是大西洋中部亚速尔群岛西南700千米处，那里有一条长约20千米、宽4~5千米的洋中脊裂谷带。这项考察定名为"法美联合大洋中部水下研究计划",简称"法摩斯"计划。

1971年12月,法国国家海洋开发中心正式同意参加这项活动。3个月后,美国国家海洋大气局也宣布同意参加。于是,一项在海洋学史上具有划时代意义的"法摩斯"计划便正式问世了。

筹备与选择

人要下到几千米深的洋底,是一件非常困难的事。水深每增加10米,每平方厘米上所承受的压力就要增加1千克。只有乘坐有着坚固外壳的深潜器下潜,才能免受水下重压的伤害。所以,深潜器是人类通向洋底的必不可少的工具。

那时,能够承受大洋深处巨大压力的深潜器在法国只有"阿基米德"号和"赛纳"号。"阿基米德"号当时已潜水160余次,安全性能好,缺点是比较笨重,在海底行动不够灵活。"赛纳"号比较小巧灵便,但刚刚建好,尚未作过深潜。在美国方面,选中了"阿尔文"号深潜器,它重13吨,也比较灵巧,但需改装后才能执行任务。

为了使这3艘深潜器能够安全、准确和有效地实施海底考察,科学家们给它们装配了测量航向、航速、下潜深度和距海底高度的仪器。还在外部安装了水下彩色、黑白摄影机和电视摄像机,以便拍摄洋底的自然景观。为了采集洋底岩石标本,装备了液压机械手。深潜器前部备有特制的篮筐,可以按采集顺序存放标本。

接着,科学家们利用船只和最现代化的仪器,从水面对潜水海区进行了23个航次的调查,取得了大量的海底地形、地质和海流资料,并在这个基础上制造了一些海底模型,供潜海人员观察演练。

在人员的配备方面,法美双方都任命了领导人员、科技人员和后勤人员。3艘深潜器也配齐了驾驶员、地质科学家和工程技术人员,并对这些下潜人员进行了训练。

双方确定这项探险活动分为2个阶段进行。第一阶段由法国的"阿基米德"号单独实施,时间定在1973年8月。消息传出,全世界都期待着这个历史性时刻的到来。

初潜告捷

1973 年 8 月 2 日，世界瞩目的"法摩斯"首次潜水活动开始了。那天一早，亚速尔群岛西南约 700 千米处的中大西洋上，天气灰蒙蒙的，海面异常平静。7 点 20 分，深潜器母船"马·勒比汉"号牵引着"阿基米德"号驶抵潜水点。科学技术人员再次对"阿基米德"号载人的深潜器作了最后的检查。9 点零 6 分，"阿基米德"号开始下潜，海水缓缓没过了指挥台，转瞬间它便从人们视线中消失。母船上鸦雀无声，大家望着湛蓝深邃的大海，默默祝福"阿基米德"号平安归来。

"阿基米德"号今天将要沉落到一个神秘的地方——大西洋中脊这条最大的水下山脉的中央裂谷的狭窄底部。这是正确认识我们这个星球的一次重大行动，它很可能会关系到人类的未来。这个笨重的、行动缓慢的深潜器进入那片神密的世界以后会怎么样呢？母船上的人不免有些忧心忡忡，为沉往海底深渊的同伴担惊受怕。

深潜器在重力作用下以每分钟 30 米的速度沉落，它将进入一个寒冷，静寂、重压和漆黑一片的世界。下潜的 3 个乘员都处于极度兴奋之中，心情最激动的要数主任科学家勒皮雄了。他将是世界上第一个看到洋底裂谷的人，那儿熔融的岩浆和陡峭的悬崖绝壁是我们地球历史的起点。再过几个钟头，

海底裂缝

他就会知道地质学家们对海底裂开、扩张的推想是否与现实相符了。

3 个小时以后，洋底已呈现在脚下。驾驶员德弗罗贝维尔和勒皮雄的眼睛紧贴着舷窗，极力搜索这想象中的洋底。

"巨大的熔岩!"勒皮雄惊叫起来。

就在深潜器的前方,那高悬着的巨大熔岩,像瀑布一样从几乎是垂直的陡坡上倾泻而下。深潜器沿谷壁继续降落。勒皮雄又看到了许多黑色的"管道",活象大管风琴上的音管,有些直径达1米多。覆盖在黑色"管道"表面的晶莹的玻璃膜在探照灯照射下闪烁着黑玉般

美丽熔岩

的光彩。勒皮雄凝神地看着,眼前仿佛出现了熔岩瀑布形成时的壮观景象:炽热的岩浆从裂谷底纵横交错的裂缝里或是猛烈地涌流,或是缓缓地渗出,象金蛇狂舞,又像火龙腾空。熔岩流化为红色的瀑布,流向四方,冰冷的海水和巨厚水体的重压顿时将熔岩凝结成长长的垂直管道,于是海底变得晶莹闪烁、气象万千……

12时15分,"阿基米德"号轻轻着底。这里海底与前番大不一样,尽是一些破碎的岩块,岩块大小出奇地均匀,像铁路上的道碴。远处可以看到一些完整无损的枕头形状的巨大熔岩。碎岩块上覆盖着一层几毫米厚的"雪",它们是海洋表层钙质浮游生物沉落洋底的残骸,看上去像在碎岩块堆上铺了一张洁白的地毯。不远处,一株柳珊瑚婷婷玉立,活像一尊女神的雕像。右方是一丛艳丽的大海绵,它那怒放着毛茸茸的花丝在海流中微微颤动,好似一把轻轻摇动的驼毛羽扇。附近还有一株六放海绵,它那细长的花茎的顶端向下低垂,犹如悬空飞舞的芭蕾女演员。有谁曾想到在这3000米深的洋底竟有这般美丽动人的生命现象,3个潜海者沉浸在梦幻般的仙境之中。

深潜器向前挪动了几米。当勒皮雄看到大海绵边上的一块枕状熔岩时,这位爱石如命的地质学家立即操纵机械手采集标本,忙碌了半个小时,才把一小块枕状熔岩颤抖着放进前端的篮筐里。

忽然"喀嚓"一声，深潜器又撞在海底的岩石上了。一只受惊的大螃蟹爬出洞来，它张开双螯，摆出一副进攻的架势，两只小眼睛不停地转动，怒视着深潜器这个闯进它的领地的不速之客。

"阿基米德"号在这个到处是陡壁断崖的裂谷底部潜航了2个多小时。勒皮雄又陆续发现了许多熔岩，有蘑菇状的、圆球形的、管状的，真是琳琅满目、无奇不有。

"阿基米德"示意图

14时56分，一电池中的电快用完了。3位潜海者依依不舍地告别了神奇的海底世界，开始回升。16时13分，他们浮出海面。母船上一颗颗紧悬着的心这才放了下来。

3位潜海者登上母船，他们汗流浃背，显得精疲力竭。人们紧紧围住他们，急切地向他们询问海底的情况。探险家们激动得不知说什么好，只有勒皮雄说了一句话，"简直是奇观，真正的奇观!"从他那欢快的眼神里，人们看出这位地质学家确实是找到了打开洋底大门的钥匙。

随后，"阿基米德"号又下潜6次，在洋底裂谷中央的一座小火山上考察了9千米，采集了90千克岩石标本，拍摄了2000多张照片。

9月6日，"法摩斯"计划第一阶段结束。母船牵引着遍体鳞伤的"阿基米德"号返回法国土伦港休整，以备迎接来年的更为重要的任务。

继续探索

1974年6月，第二阶段潜海的准备工作就绪。法国的"阿基米德"号、"赛纳"号将与美国的"阿尔文"号并肩潜水。

6月中旬，亚速尔群岛德尔加达港效区的一座小别墅里，人们进进出出，电话铃声和打字机的嘀嗒声响个不停，法美两国科学家彻夜不眠地围着堆积如山的文件资料，研究部署了第二阶段潜海的行动计划：大裂谷的谷底去年已有所了解，但对谷壁仍一无所知，"阿基米德"号就到那里去揭谜；"阿尔文"号则往裂谷的中央小火山南部的裂谷轴部探胜；小巧灵活的"赛纳"号派往潜水区北部的转换断层地带考察。

6月下旬，母船相继把3艘深潜器运送到预定的考察海区。

从6月30日到8月6日，"阿尔文"号按着预定的潜航路线，跑遍了裂谷底的中央小火山南部海区，到达了裂谷中央的另一座小火山。在潜航中，地质学家鲍勃·巴拉德首次发现了裂谷底部的地震裂缝，这些地壳的裂口宽约数厘米，两侧有微小的垂向错动，它们延伸几十米便合拢了，接着又被另一条裂缝所取代。这种裂缝在中央小火山南部多么令人吃惊。另一位地质学家吉姆·穆尔透过舷窗，如醉如痴地观察了千姿百态的火山喷发物。这位世界上最有才华的研究火山几十年的科学家，在亲眼看到洋底大裂谷的火山现象以后，这才真正感到了自己的不足。他将观察到的枕状熔岩和其他喷发物做了精确的分类，证明这些裂谷中央的小火山都是最新形成的火山，最多也不过只有几千年的历史。

"阿基米德"号在去年的7次深潜中，已经取得了许多宝贵的经验，这次它到达洋底就好像回到了老家似的。它虽然行动笨拙，但潜得最深，水下航程最长。8月22日，它在3000米以下洋底连续考察了12小时，创造了"法摩斯"潜航时间的最高纪录。

另一艘深潜器"赛纳"号是诞生以来的首次深潜。它曾发生了几次技术故障，然而它勇敢地一次次潜入阴森恐怖的洋底，遍及转换断层的断裂地带，考察验证了非洲板块与美洲板块的边界地区。它还从大洋深处识破了一个令人神往的洋底奇谜——传说中的已经沉沦大西洋底的古大西国都城之谜。

那是7月11日，"赛纳"号在洋底工作了4个小时以后正准备上升洋面，地质学家肖可罗内突然发现了一堵高10米的墙。驾驶员西亚宏小心地操纵深潜器绕过这堵墙，可是，在探照灯长长的光锥里又出现了又一堵墙，接着又是一堵，……看上去完全是一座沉沦海底的古城遗迹。3位潜海者目睹这一奇异景象，立即想到了关于古大西国的传闻：在很久以前，现在的大西洋中部有一个名叫"大西国"的文明古国。有一天，突然山崩地陷，这个国家顿时沉沦海底。开始的时候，人们还能见到海面下古大西国都城的城墙和房屋，以后越陷越深，终于不复可见。后来，在这一带捕鱼的渔民还偶然可以捞到大西国臣民用过的器皿。不过，3 位潜海者对这一传说向来是不以为然的。这时，他们乘着"赛纳"号，在不足 4 米宽的古城街道上踽踽而行。肖可罗内详细考察了古城的残垣断壁，发现这些墙壁与裂谷大致平行，高 4～10 米，厚 20～100 厘米，两墙相距 3～4 米。于是，肖可罗内断定这些墙无疑是岩脉，是地球深处的熔岩沿大裂缝往上涌升的过程中在缝隙中缓缓冷却凝固而成的。它们有较强的抗蚀能力，当周围较软的岩石受侵蚀剥离掉以后，这些岩脉保留下来成为一堵堵高墙。这样，人间的传奇就与海底的现实巧妙地融合在一起了。

在第二阶段的潜海过程中，潜海人员也看到了洋底的各种奇异的生物。其中有各种形状的海绵动物，有枝杈茂密的柳珊瑚，有丛生的软水母，还有在舷窗前游来游去的小红虾和深海鱼类。最奇特的是一种叫"沙箸"的动物，它们像一堆堆扔在海底的乱七八糟的铁丝，能够发出冷光，与别的东西相碰就自行发热。它们曾使潜海者胆战心惊，以为是碰到海底电缆了。要是深潜器被海底电缆挂住，那就难以解脱，潜深人员将会葬身海底！

惊险的遭遇

1974 年 7 月 10 日，"赛纳"号在从洋底返回水面的航途中，突然猛烈地抖动了一下，同时发出一阵沉闷的响声，顷刻间前进被阻。驾驶员金特基透过舷窗搜索，禁不住失声大叫："瞧，大王乌贼！"

两个人一齐凑到舷窗前，看到一团黑色的"云雾"笼罩在深潜器前方，一个巨大的身影一闪而过，消失在黑色云雾之中。这件事来得如此突然，以致他们都来不及感到害怕。这种巨大的、喷出大量墨汁的大王乌贼，力大无穷，被人们称为"海妖"，它能将几十吨重的巨鲸置于死地，小小的深潜器对它来说不过是一件"玩具"而已。幸好它很快地溜开了，但 3 个潜海者一想到那巨大的身影，仍不免心惊肉跳！

另一件险事发生在 1973 年 8 月 5 日。美国科学家巴拉德作为观察员乘法国的 "阿基米德" 号潜入大洋后，忽然舱内因电线短路而起火。火很快被扑灭，但浓烟弥漫不止。舱内其他人员都按操作规程戴上了呼吸器。只有巴拉德戴上面罩以后立即呼吸困难，面孔憋得发紫。处于窒息状态的巴拉德

黑色云雾之中的 "海妖"

绝望地挣扎着，企图扯下面罩。旁边的驾驶员哈里斯门第意识到巴拉德可能是忘了打开氧气开关，随即伸手按动了氧气阀，使巴拉德恢复了正常呼吸。尽管这段恐怖的经历使巴拉德终身难忘，但他并未就此退缩，而是怀着炽烈的探求精神继续潜海考察。

还有一件令人心惊的事发生在 1974 年 7 月 17 日下午。"阿尔文" 号正在洋底潜航，母船上的科学家发现它在一个地方已有 45 分钟没动弹了，便打开声波电话催促他们前进。然而，从洋底传回的却是一阵绝望的呼叫：

"我们被卡在一条裂缝中，看来上不去了！"

这简直是悲剧。水面人员顿时紧张起来，他们立即拟定了在万不得已时的急救措施。但无论怎样，最好的办法还是让潜海人员自己设法脱险。水面人员建议用横向推进器驱动深潜器向前后左右摆动，就像人用肩膀开路挤出密集的人群那样。深潜器里人员马上行动起来，舱内可以听到钢壳挤压岩石的卡嚓声，碎石块纷纷落下，但深潜器仍然动弹不得。经过 2 个小时的努力，它才移动了 1 英寸。人们惊慌得不知所措，还是多次出入海底火山禁地的地质学家穆尔沉得住气，他让大家镇静下来，仔细弄清 "阿尔文" 号动弹不了的原因。于是被困在裂谷陷阱里的 3 个人在探照灯的照射下冷静地探察了岩石裂缝的形状和海流的方向，发现裂缝两侧的岩壁只有几米宽，深潜器的尾部紧紧卡在岩壁上几块突出的石棱之间，必须转动几个角度，

才能从石棱间一处较大的缺口中钻出来。3个人忙着轮番开动横向推进器，经过20分钟搏斗，终于使深潜器的尾部从裂缝中摆脱出来。满身大汗的3个人长长地喘了一口气，庆幸自己"龙口"脱险。

意外的发现

7月24日中午，"赛纳"号告别母船，徐徐下沉。地质学家肖可罗内为了打破舱内静寂得可怕的气氛，按了一下磁带录音机的键盘，贝多芬的第七交响乐的旋律立刻在大洋深处响起。3位潜海者在雄壮的乐曲声中沉落洋底。一个半小时后，他们来到2694米深处一个约35°的陡坡上。肖可罗内发现洋底覆盖着一层薄薄黑色熔岩，随即操纵机械手捞了一块样品放到篮筐里，然后继续向南航行。

17点56分，"赛纳"号接到回升的命令。坐在舱里的肖司罗内有点闷闷不乐，因为他感到这个航次收获不大，除了取回一块黑色的石头以外，没有观察到什么新鲜东西。

回到母船上以后，有点懊丧的肖可罗内向同伙们介绍了这次潜航的经历，并把那块小石头扔给他们传看。地质学家勒皮雄和贝莱塞见这块石头呈暗黑色，很脆，便建议送到岩石学家海基里安那里，请他给鉴定一下。

午夜时分，肖可罗内从海基里安那里跑回来，把沉睡中的勒皮雄叫醒，激动地告诉他，那块石头经过仪器分析，断定是一块"金属热液矿石"，是一块100%的纯锰。勒皮雄像着了魔似的一骨碌滚下床来，随即提议再到那块矿石的产地去考察。是啊，在大洋底首次找到这样的矿床，这无疑是"法摩斯"探险的一项最重大的发现！

7月26日，肖可罗内乘"赛纳"号再次潜入洋底，没费多大周折就接近了目标。经过仔细考察，热液矿床位于一个乳头状小丘上，小丘高5~6米，顶部有一热水泉喷口，是一条宽50厘米、长几米的裂缝。喷口附近有密密麻麻的小鱼群，显然热水泉此刻没有喷发。喷口周围覆盖着已经石化的沉淀物，颜色由下到上依次为黑色、暗色和鲜红。在小丘顶部和南坡上，还看到了厚度渐次变薄的黑色多角形物体。从总体看，矿床约长40米、宽15米，估计蕴藏量约1000吨。后来对捞取样品的分析表明，喷口附近主要是铁，坡下是锰。尽管目前还不具备开采这种小规模洋底矿床的技术条件，但肖可罗内第一次科学地向全世界证明，在大洋底确实存在着金属热液矿床。

1974 年 7 月 30 日下午，潜水母船"诺罗瓦"号上彩旗迎风招展，记者招待会正在热烈地进行。来自世界各国的记者聚精会神地听了"法摩斯"潜海活动的重要发现和桩桩趣事，无不为这些神奇的故事所倾倒。专程赶来与会的法国国家海洋开发中心总经理伊夫·拉普雷里反复察看肖可罗内的那块怪石，意识到这一新发现无疑会对今后勘探海底矿藏带来深远的影响。他决定亲自下潜到矿石产地去看一看。

8 月 2 日上午，拉普雷里跨步迈进"赛纳"号的圆形舱，但这次潜航却未能找到那片矿床。尽管如此，拉普雷里还是看得目眩神迷。多年以来，他以为有关海洋的事情已经了解到差不多了，这时他才发现隐藏在洋底的不为人所知的东西还那么多。

8 月 3 日上午，肖可罗内等人又第三次探测这片金属热液矿床，下潜只用了 20 多分钟并找到了那个乳头状小丘。他们捞了 5 块岩样，拍摄了大量照片，还拍了一部彩色影片，再次确凿地证实：在"法摩斯"探险中，科学家在大西洋裂谷底部，找到了一把打开金属矿床成因的金匙钥！

"金属热液矿石"

"法摩斯"计划是一项集体工作。伟大的探索精神把许多科学家、工程技术人员、潜水员、海员和后勤人员紧紧地联系在一起，共同协作，创造了人类文明史上的这一奇迹。事实表明，一个人无论多么有才华，都不能独自担当起今天探索海洋的重任。

潜入深渊

——瑞士著名深海探险家雅克·皮卡德探险记

海面狂涛

1960 年新春伊始，"曲斯特"号深潜器由"温达克"号船拖曳着，驶向了太平洋马里亚纳海沟。4 天以后，我们到达了距关岛西南 354 千米的海面上。当时，海面上风浪大作，巨浪接二连三地扑打着"曲斯特"号，打坏了深潜器外面的电话，计速器尽管高出水面 2.44 米，并且成功地经受了多达 50 次的潜水考验，这次也毁于非命了。垂直海流计也受到了部分损伤，只见它吊挂在自己的支架上，摇摇晃晃，样子可真狼狈。此时，"曲斯特"号看上去真像个劫后余生、元气大伤的残兵，根本不像屡建奇功、即将向"挑战者深度"冲刺的勇士。

怎么办？难道这次令人神往的行动，就因为这可恶的海浪而放弃吗？被损失的几件仪器固然很重要，但关键潜水器并未损坏。我决心按计划下潜，向海洋挑战。

我最担心的是关系到深潜器成败的主电路，它控制着压舱物的排放。幸好，它完好无损。当年我父亲设计"曲斯特"时，他的基本设想之一，便是通过电磁铁的方式控制压舱物——铁球。其原理和过程也很简单：潜艇要自动上浮返回海面，就要减轻其自重，这只需切断电路就行了。这很像气球，实际上它就是一个遨游在深海中的大气球。它的浮力来自于轻于水的汽油，而不是轻于空气的氦气。

海面狂涛

　　我的助手唐·沃尔什是美国海军负责主管。"曲斯特"号的军官，他已进行过 6 次潜海探险，最近的一次是 2 周前同我合作进行的，我们潜到了7320 米的深度。

　　这次深潜，无论是对我还是对沃尔什来说，都具有决定性的意义。如果探险成功，沃尔什便从我手中接管"曲斯特"号，而我在向公众证明了"曲斯特"号具有最好的耐压性后，便卸任返回我的祖国——瑞士，再设计新的潜水器。

　　此时，负责护航的驱逐艇已安放好标记，指出我们下潜的准确位置；接着，在方圆只有十几米的范围内又点燃了好几颗照明弹。在这之前，为了探明"挑战者深度"，还进行了 800 多梯恩梯当量的水下爆炸。这一系列精细的准备工作，整整花了 4 天的时间。

　　出发前，我们使用了二氧化硅凝胶，它保证了潜水器的极好密封。潜水器内的空气新鲜而干燥，但这并不意味着我们很舒服了，因为密封舱上方装汽油的浮体，成了海浪拍击的对象，使得整个潜水器上下颠簸，震动得很厉害。

　　我匆匆攀上扶梯，来到甲板上，向我们忠诚的工程师吉乌塞·波诺下达了最后的命令：

　　"我一关上舱门，你就打开进口通道阀门，一切按正常程序操作。如果出了故障，就立即放弃这次下潜，哪怕是在最后的一瞬间。"

　　波诺严峻地点点头。他是个年仅 37 岁的意大利人，但他已经为"曲斯特"号做过 64 次潜海的准备工作。这是个可以完全信赖的人。

　　就要下潜了，我又一次看了看海面。在距我们只有 100 多米的海面上，"温达克"号头顶赤道骄阳，在强烈的赤道信风掀起的浪涛中，颠簸摇曳，再远一点的海面上，我看到"莱威斯"号驱逐舰在浪涛中时隐时现。它的任务是在我们下潜期间，在附近海域游弋巡视，随时为我们提供援助。

　　天空沉郁、多云；空气闷热、潮湿；海面波浪滔天。大海在逞威，似乎要吓退我们这些勇敢的挑战者。我深深吸了一口气，下到密封舱内，小心翼翼地关上了那个保护我们以防海水涌入的钢制舱盖。说来有趣，它密封的稳妥性，只用一根插销就解决了。而且，这个保险系数又随着下潜深度的增加而增大，因为大洋深处的海水是个义务大力士，它产生的巨大压力紧紧压住了舱盖。

透过后舷窗，我看到海水渐渐充满了进口通道。那是我们钻进密封舱时刚刚钻过的地方，现在却成了一座袖珍水晶宫。

舱外的一切操作都结束了。由于潜水器受伤，下潜就带着更浓厚的探险色彩了。1960年1月23日，时钟记下了这一历史性的时刻——8点23分，"曲斯特"号进入了永久寂静同时也是喧闹的水下世界。这里没有风浪，却间或有急流；这里缺少明媚的阳光，却繁衍着千奇百态、五光十色的海洋生物。再往深处去，又是一个怎样神秘的世界呢？沃尔什和我虽然忐忑不安，但总算松了一口气。我心里默念着：开始了。

潜向深处

起初我们下潜十分缓慢，我们正好利用这个时机全面检查一下深潜器。10分钟后，我们刚下潜了91.5米，潜水器就停了下来。这说明我们遇到了温度低得多的水层。由于深潜器内的汽油降温和缩小体积需要一定的时间，所以才导致了下沉的中断。这使我们面临进退两难的窘境。要摆脱这种困境，要等待汽油自然冷却，但那将使我们失掉极为宝贵的时间，而我们必须在天黑之前返回海面。另外一种办法是放掉一些汽油，但这也同样冒风险，因为我们返回海面时，全得依靠这些极为宝贵的液体。

我决定放掉一些汽油，因为我对为这次下潜而设计的压舱物和汽油的比率是充满信心的。即使释放掉全部可以消耗的汽油——42立方米，我们仍然安然无恙，余下总量为102立方米的汽油足以保证我们安返海面。

我便打开了汽油阀门，放掉了一些汽油。1分钟后，下潜就又重新开始了。但刚下沉了10米多，深潜器就停住了。于是，我又放掉了一些汽油。5分钟后，我们到达了130米深处，潜水器第三次停了下来。7分钟后，我们又停在160米的深处。在"曲斯特"号先后进行的65次探险过程中，海水这样鲜明的分层现象我还是第一次看到。

每当深潜器停下来的时候，沃尔什便十分仔细地观察电动温度计，以便准确地确定海水垂直温度线。当我们以每秒1.22米的速度潜过200米的深度后，"曲斯特"号终于不再停留，一直沉向了海底深渊。

这时，我们周围已是漆黑一片了。第一批闪烁着磷光的浮游生物便出现在我们的面前，我们还一直没有使用探照灯，因为我们想尽可能清楚地观察海底生物发光的情景。结果证明，我们只是在 670 米和 6100 米的深处才看到了生物发光的情景。大概

海底深渊

是我们这个外形古怪、体积庞大的不速之客的突然闯入，惊扰了"龙宫"吧，那些过惯了宁静生活的深海生物纷纷逃离。

按照计划，"曲斯特"号先以每秒 0.9 米的速度下沉到 7930 米的深度，然后减速，以每秒 0.6 米的速度下潜到 9150 米的深度，再以每秒 0.3 米的速度潜至海底。因为我们虽然事先估计深海中没有汹涌的水下激流，但却不能完全排除这种可能。倘若真的遇上了水下激流，那么深潜器就有可能沉到海沟的斜坡上，被坚硬的岩石撞坏。

而掌握下潜速度，需要不断地测定水温、汽油的温度、压舱物释放的总量和计算未来可排放的数量，还要记录氧气用量、二氧化碳的含量、空气温度等。这么多的工作，使我们在下潜的 5 个小时内没有感到一点儿寂寞。

深处不胜寒。深海已经使密封的舱越来越变成了名副其实的大冰箱。我们在进入密封舱时，浑身上下就被海水打湿了，此时更加感到寒气袭人、周身战栗，只好换了衣服。

沃尔什身材不高，他在密封舱内能够活动自如，而我的个头却几乎与这个近 2 米直径的密封舱一般高，只能借助舷窗外的一块空间伸展一下胳膊。

75 分钟后，我们潜到 1600 米时，接到了水面上打来的电话——我们之

间必须相互了如指掌，所以，一开始下潜，我们便打开了水下无线电话。我要衷心地感谢美国加利福尼亚州圣地亚哥海军电子试验室，他们设计的这部精巧的通讯装置，使得我们始终能和水面保持通话联络。我向波诺询问了上面的情况，波诺说风浪很大，但一切工作仍在照常进行。

在3000米深处，我们与水面又进行了一次十分清晰的通话。在4000米深处，我们之间进行了第三次通话。沃尔什说道：

"接收情况仍然良好。在整个下潜期间我们都能和水面保持联络吗？"

"难说呀。"我答道。"因为要进行通话，水面舰只就必须停泊在我们的正上方。在这样恶劣的天气里，要做到这点真是太难了。"

我们继续下潜着。透过舷窗，我发现深潜器已经置身在海流之中了。带着浮游生物的水流，以每秒0.9米的速度疾驰而过。水流是从那无底的深渊向上翻涌的。

当我们通过7320米时，我和沃尔什互相祝贺，这是我们2周前才到达的深度。我们还在下潜着。沃尔什兴奋地说：

"我们已经到达了前人未曾到达的深度！"

是的，我们已经创造了新的世界纪录。但这又算得了什么呢？我们的目标是"挑战者深度"，世界海洋的最深点。

海底奇观

在7900米深处，我们与水面的通话仍能畅通无阻。现在的时间是11点30分，我们已经放掉了6吨压舱物，下潜的速度慢了下来。窗外的海水似乎十分平静，我打开了探照灯，光柱投射到下面很深的地方，看上去一无所有。我仿佛觉得我们处于虚无缥缈的空间中。这时，我突然体会到，富饶的海洋也有它一贫如洗的一面。

当我们到达9900米深度时，我突然听到深潜器发出了阵阵沉闷的爆裂声，密封舱也同时被震得摇晃起来。到达海底了吗？没有，回声测深仪尚无反应。而深潜器却继续平稳地下潜着。为了查明原因，我把所有的机器都关闭了。在死一般的寂静之中，我们听到了一种细微的爆炸声从密封舱的四面八方传来。是海虾在爬动吗？莫不是密封舱的防护漆破裂了？我们作了种种设想，但真实情况却不得而知。看来没有什么严重的故障，因为深潜器依然在正常地下潜。我们决定继续下潜。

透过舷窗，我的视野中突然呈现出生命的迹象，好像是水母、海蜇之类的东西，个体并不大。这些东西对我们来说并不稀奇，因为我们知道深海中是有生命的。而我们此时渴望的是：深海是否有鱼类？

也许我们潜得太深了吧，电话失灵了！我们与外界的联系隔断了。我们此刻更加紧张了，因为海底近在咫尺了，我们随时都准备享受那轻微的一晃，迎接那最后的时刻。12点56分，我用压抑着激情的声音，平静地说："沃尔什，测深仪表明我们已经着底了！"

沃尔什激动得简直不敢相信。长久盼望的事情，在它降临的一瞬间，总是显得异常的突然，因而又常常使人对它的实在性产生疑惑。

但是真正的海底还要再下沉91.5米，我们用了10分钟的时间潜完了这段距离。12点6分，在我的第65次潜海中，"曲斯特"号终于登上了海底深渊那乳白色的地毯般柔软的海底！我激动地伸出颤抖的手，抓起电话大声喊叫起来——我早已忘记它失灵了。

我打开水银灯，透过那

海底奇观

足有15厘米厚的有机玻璃舷窗，睁大眼睛向外看着。突然，我发现在距我们只有一二米远的海底中，有一条鱼！我和沃尔什几乎同时惊叫起来。它像鞋底似的，刚好落入水银灯的光柱之中。然而，正是这个只有鞋底大的幽灵，使得成千上万的科学家们多少年来争论它，即深海到底有没有鱼类生存，顷刻之间这个问题就迎刃而解了。同时，这也证明了人们长期所假定的海水垂直对流的存在。正是这种垂直对流，才把海洋上层的氧气带到这海底深渊之中，保证了深海鱼类的生存。

看上去，这条鱼是世界上独一无二的品种。它那 30 厘米长、15 厘米宽的扁的身躯，张着微突的眼睛，悠然地摇摆着，慢得像是在一点点蠕动。它从未见过人类，因此也丝毫不惧怕我们这海外来客，它大模大样地游动着，一半身子钻进海底松软的黄色软泥之中。后来它就消失在那黑暗的海底世界里了——那是它所生存的永恒的家。

在这海底深渊中，我们测试了水温（约为 3.33℃）测定是否有海底水流（没有）以及放射现象。我们还看到了一只红色的小虾，长约 30 厘米，从容而友好地游到我们窗前，仿佛是欢迎我们的来访。

载誉归来

我打开尾部的探照灯，沃尔什仔细向外观望着。他猛然回过身来说："我知道那种丝丝响声是怎么回事了。那是进口通道的舷窗上发出的声响!"

原来，又是巨大的压力导演了这段可怕的插曲。面积很大的有机玻璃窗，虽说经受住了可怕的水压，但仍然表现出了某种屈服：它比同它相接的金属槽收缩得厉害，玻璃上出现了一道裂纹。尾部的探照灯将这道裂纹照得很清楚。

是啊，在这样深的海底，不要说玻璃，就是深潜器的金属壳体，其直径也被巨大的水压压缩了 1.5 毫米! 此时深潜器每平方厘米承受了 1200 千克以上的力，深潜器总共承受着 15 万吨以上的压力!

这个意外的事故，缩短了我们在海底的逗留时间。本来我们预定停留 30 分钟，现在刚过了 20 分钟，我们就提前启程上浮了。我们不无惋惜地看着那块不平整的海底，只见它在光柱中闪闪发亮。

我手按电钮，起动上浮。一束铁球从压舱室中倾泻而出，沉入了犹如滑石粉般柔软的海底沉积物中，溅起了一股巨大的闪光尘云。起初这些沉云升到舷窗前，而后又漫过深潜器，向上方升腾着，接着像是扩散着的云彩，向四面八方漫延，漂染了很大一块水城。我敢断定，这些沉云是海面附近死掉的硅藻的硅质主体，它们死后不知经过多长时间才沉到海底。

"再见吧，尘云! 再见吧，挑战者深度"! 我们离开海底上浮了。上浮是正常而顺利的，最后几百米的一掠而过。最后，在预定的时间，15 点 56

分，"曲斯特"号浮出了水面。15 分钟后，我们从密封舱中爬出来，站在"曲斯特"号的甲板上了。

放眼四望，只见碧海蓝天，浪涌风拂。美国海军的飞机正在空中盘旋，鸣放着礼炮，机翼左右摇摆，向我们致敬！

江河漂流

江河漂流激流勇进

漂流是 20 世纪 40 年代才在欧美兴起的新兴的探险活动，但发展很快。世界各地一些著名的急流，以及大江大河，如密西西比河、尼罗河、亚马孙河、印度河、恒河等，都在近 30 年内陆续被漂流好汉们一一征服。

陆上最深的峡谷是南美洲秘鲁南部的科尔卡河峡谷，那里两岸的悬崖，一边高 3471 米，另一边高约 3233 米。1981 年 5 月 12 日 ~ 6 月 14 日，一支来自波兰克拉科夫大学的"安第斯单人皮艇队"，首次漂流了这个峡谷。

从安第斯雪山上流淌下来的亚马逊河，是世界上最长最大的河流之一，全长 6800 千米。曾有许多探险家漂流过亚马逊河，但都只是漂流其中的一段或大部分。如日本孤胆英雄植村直己，就曾于 1968 年乘自制的木筏，只身从亚马逊河上源之一瓦利亚加河畔的尤里马瓜

科尔卡河峡谷

斯沿河顺流而下，用了 60 天时间，到达巴西临大西洋畔的马卡帕港。直到 1985 年，才有人胆大包天冒险漂流了亚马逊河全程。这次漂流是本部设在美国怀俄明州的安第斯皮艇探险公司发起组织的，参加远征的共有 9 人，分别来自波兰、南非、英国和美国。队长波特是波兰人，32 岁，他曾是漂流

科尔卡河峡谷的探险队员之一。他们先乘车登上高耸的安第斯山脉，然后身背皮艇找到海拔四五千米雪山顶上亚马孙河的源头——阿普里马克河，从此地一人划一艇漂流而下。他们在整个漂流过程中，几乎都使用小皮艇，但在通过某些艰险的急流地段时使用了木筏。阿普里马克河是条年轻狂野的山间河流，仅500千米长度中的落差就达4000米。途中他们曾经过一连串四处急流，雷鸣般轰响的陡急河水每处约200米长，看上去只见一片白色浪花和泡沫；又从瀑布悬崖处跌下来，陷进漩涡深渊……好不容易与相伴了2个月的阿普里马克河挥手告别，又进入了闷热湿透的热带雨林区。这里木头太湿，烧不起来，汗湿衣服不会干，很快溃烂成破布烂片，伤口也不会愈合，到处是蜘蛛、蟑螂、飞蛾、黄蜂、蚂蚁、扁虱和蚊子，遍布他们的眼睛和耳朵，啃噬肌肤，吮吸鲜血。探险队员们变得烦躁不安，争吵凶狠，加上极度的疲惫和恐惧，9人探险队这时只剩下4人进入平原上的乌卡亚利河。此后他们每天驾舟12小时，每小时划船55分钟，每分钟划桨50次，没有星期天，抵达亚马孙河口大西洋时总计每人划桨超过225万次。从这一年的8月29日到次年的2月19日，他们终于漂完全程，一共花了174天时间。

1985～1987年，中国大地上也掀起了一股漂流探险热，它的缘起还颇富戏剧性。那是在1984年11月，中国各大报纸登载了一条消息，一支由美中两国运动员组成的探险队，将从明年8月中旬开始，在中国和亚洲第一大河长江上游进行漂流探险。这个消息惹急了一条热血汉子，他叫尧茂书，是地处成都的西南交通大学电化教研室摄影员，当年32岁。早在5年前，他在美国地理杂志上看到植村直己只身探险北极和漂流亚马逊河的报道，就萌生了自费漂流长江的执着念头。几年来他积极准备，广搜资料，还亲自赶到长江上游源头和最危险的虎跳峡去考察，并在大渡河、岷江、金沙江试漂了近千千米。"中国的龙，怎能让外国人先乘！"尧茂书毅然决定，要赶在美国人之前只身漂流长江，并把自己那只红色充气橡皮筏子取名为"龙的传人"号。

1985年6月12日，尧茂书告别妻子（为了支持丈夫的壮举，已经有身孕的她做了人工流产），在三哥尧茂江的陪同下来到了冰川重叠的长江源头。6 月 20 日下午 4 点多钟，尧茂书将橡皮筏推下沱沱河，开始了他震惊世界的悲壮的"长江第一漂"。他漂完沱沱河，闯过通天河，……谁想到 7 月 24 日在金沙江的通伽峡江面翻船落水，"壮士一去兮不复还"。

一石激起千重浪。尧茂书只身首漂长江，开始时几乎不为人知晓，待他慷慨捐躯，却在神州大地上激起了强烈反响。很快有更多的热血青年步尧茂书后尘，滴血为书，投身漂流长江的探险壮举。就在尧茂书落难后的第二年的春末夏初，各路探险好汉云集长江源头，寂寞的高原一下子热闹起来了。他们一支是由来自河南的 8 条北方大汉自发组合的中国洛阳长江漂流探险队；一支是有 56 名成员的浩浩荡荡的的中国长江科学考察漂流探险队，由中国科学院成都地理研究所、四川省体委、四川省地理学会等单位联合组织，人员是从全国 27 个省、自治区、直辖市的 300 多名志愿者中挑选出来的，包括汉、藏、羌、彝 4 个民族；另一支就是延期一年赶到的中美联合长江上游漂流探险队，以美国著名漂流专家、59 岁的肯·沃伦任队长，全队 27 人，美方 20 人，其中 5 名水上桨手，中方 7 人，3 名水上桨手。此外，还有 3 名青年郎保洛死死抓住船体外面的缆绳，附随着密封艇残体翻滚冲撞，勉强冲过中虎跳。之后一卷铺天恶浪又把他和"洛阳"号残体一齐抛到岸边绝壁之下，被困 5 天 4 夜，历经千难万险才被救出来。四川《青年世界》杂志社 23 岁的记者万明，在采访营救郎保洛的过程中，被山上落下的滚石击中，以身殉职。又一次付出惨重代价的洛阳队，化悲痛为力量，丝毫没有后退的意思。21 日，队长王茂军和队员李维民一鼓作气闯过下虎跳。

与此同时，9 月 11 日，科漂队长王岩和队员李大放，乘坐"中华勇士"号飞蝶形密封艇，也成功地闯过了上虎跳，历时只有 53 秒。18 日，王岩和队员杨欣又先行冲击下虎跳。24 日下午，王岩和队员颜柯再补漂中虎跳，由于接应人员没能截住密封艇，已被礁石撞得遍体鳞伤的"中华勇士"号又向下虎跳冲去，他们等于重复漂了一次下虎跳。最后船被一块大礁石卡住，颜柯用匕首划开舱门，2 人虽有余悸但仍带着胜利的微笑爬出舱门。而只身漂流的王殿明，也已经在 9 月 19 日之前，独自漂过了上、中、下三虎跳。转瞬间，全国各主要报纸、电台、电视台以及国外 70 多家报刊抢先发出同一条消息：中国人首先征服了虎跳峡！

中美联合探险队是在 7 月 19 日分乘 7 艘橡皮筏出发的。在漂流通天河时有一美方队员因不适应高原气候患肺炎死去。以后在离虎跳峡还有一大段距离的白玉县境内又严重受阻，几次翻船落水，船只器材严重损坏，最后人员从陆路离开沿江无人区。至 9 月 13 日下午，队长肯·沃伦不得不宣布中止漂流，以后再来。事后当沃伦听说中国各支探险队一一征服虎跳峡，他特地发来贺电，对中华民族的大无畏精神表示由衷的钦佩。

9 月 30 日，洛阳队和科漂队同时抵达攀枝花市，然后继续下漂。洛阳队在途中吸收了几个外省的志愿队员，不幸又一个新队员雷志在漂流白鹤滩时落水死去。11 月 12 日下午 14 时 20 分，洛阳队 10 名勇士和遇难的杨红林、张军的妻子张彩秀和吴金芳，分乘 4 条橡皮筏，直达长江的尽头——上海吴淞口，首先完成人类历史上全程漂流长江的壮举。11 月 25 日下午 2 时半，科漂队 5 名漂流队员（包括孔志毅的哥哥孔小飞）在 6 级大风掀起的浪涛中，也顺利地漂到了江海汇合处。26 日，王殿明操桨"安徽"号橡皮艇，也安全靠上吴淞军港码头，完成独漂长江的探险壮举。长江漂流探险的成功，使全世界重新认识了中国，年轻的探险者们向全世界展现了一个全新的中国人的形象。

1987 年 4 月，又有 3 支探险队宣布漂流中国第二大河黄河。一支是北京青年黄河漂流探险队，一支是由安徽马鞍山市 16 名青年组成的马鞍山黄河漂流探险队，第三支是由郎保洛任队长、以原洛阳长江漂流队员为主体的河南黄河漂流探险队。4 月 30 日，河南队员兵分 2 路，从黄河的南北 2 源——约古宗列渠（马曲）和卡日曲开漂。不幸在 6 月 19 日上午，从同德县老虎滩继续下漂的郎保洛等 4 位壮士，被拉加峡的狂涛吞噬了，黄河漂流就此中止。

同年 6 月 26 日下午，日本关西大学一支漂流队在我国四川岷江漂流，到临近漂流终点 57 千米时，所乘橡皮艇突然被巨浪掀翻，3 人脱险，1 人死亡，亦终止漂流。

江水无情、浪涛无情，有人成功，有人失败，有人落水，有人脱险，有时人征服自然，有时自然战胜人，这就是探险的特点。

飞向太空

浩瀚宇宙中的第一颗人造卫星

当"V-2"火箭第一次升空发射成功的时候，多恩伯格在佩内明德基地曾对布劳恩等人说："可以认为，我们已把火箭射入宇宙空间，并且首次使用了宇宙空间作为地球上两点的桥梁。我们已证明火箭推进对宇宙航行是切实可行的，这在科学技术史上有着决定性的意义。除陆路、海上和空中交通外，现在还可以加上无限辽阔的宇宙空间作为未来洲际航行的一个新领域，这是宇宙航行新纪元的曙光！"

然而，希特勒的纳粹德国只是为了研制威力巨大的新型战略武器而发展火箭技术。随着纳粹帝国的覆灭和第二次世界大战的结束，人类终于迎来宇宙时代的黎明。

1945年夏季，德国被美、苏、英、法4个战胜国占领，全国处于一片混乱之中。由于当时德国在火箭技术研究方面大大领先于美苏等国，所以美苏之间展开了一场争夺德国火箭科学家、工程师和科研器材的战斗。结果，美国捷足先登，以冯·布劳恩为首的一大批德国科学家、高级工程技术人员和科研器材落入美国的手中，而苏联也得到了佩内明德火箭基地的部分导弹原型、发射装置和一些中、低级火箭工程技术人员。

同时，盟军又决定把缴获来的3枚"V-2"火箭交由德国工程师进行公开的发射试验。出席观看这次发射试验的人当中有美国喷气推进实验室

117

主任冯·卡门，苏联火箭总设计师谢尔盖·科罗廖夫等科学家。1945年10月，在德国北海沿岸城市卡斯哈滨发射了3枚火箭。其中1枚飞行了240千米后落在离目标1.6千米附近的水域，另2枚火箭虽然发射顺利，但却没有落到预定的地点。

这次"V－2"火箭的发射，给冯·卡门和科罗廖夫为首的美苏两国的科学家和火箭专家留下了深刻的印象，他们从火箭发射时的轰鸣、浓烟和火光中看到了未来火箭和宇航技术的美好前景。

冯·布劳恩等德国科学家和火箭专家来到美国后，被派往新墨西哥州的白沙火箭试验场。开始，他们只是向美国人介绍一些有关"V－2"火箭的技术，同时也帮着美国人进行有关火箭设计和发射的工作。后来，冯·布劳恩开始参与美国的导弹研制计划，并成功地研制出新型的"红石乃火箭"和"丘比特"火箭，使美国的火箭技术得到较大发展。

这时的布劳恩已经是一名和平主义者，他念念不忘的是年轻时到广袤的宇宙空间去旅行的梦想。他抓紧一切机会同有关人员讨论宇宙航行的问题，访问将军、国会议员和企业家，在各种场合宣传自己20年来梦寐以求的理想。他说："只要还活着，我不能丢掉乘火箭飞往月宫的美梦。"

1954年，冯·布劳恩被召到华盛顿，在那里他秘密会见了科学家和军界人物。他们讨论的主要问题是向地球轨道发射小型飞行物体的可能性。他以极大的热情和耐心向人们论证实现宇宙航行的"可能性"。他认为，使用现有的火箭技术，就能够把一定重量的人造卫星送到轨道上去。

他开始拟订报告书，与有关官员进行会谈……计划愈来愈完善了。不久，美国陆军向白宫提交了发射人造地球卫星的计划。同时，美国海军也拟订了"轨道飞行器计划"，提出要制造"先锋"号运载火箭，以便发射人造卫星，而空军则重新提出研制使用毛病百出的洲际导弹计划。

1955年7月29日，美国政府正式批准海军的人造卫星发射计划，公开宣布要在1957年的国际地球物理年实现这一计划。但是，美国的人造卫星发射计划在一开始就屡遭挫折，进展很不顺利。

当时的苏联领导人赫鲁晓夫在得知美国已经拟订人造卫星发射计划后，便连夜召开紧急会议。他认为，苏联人不能落在美国人的后面，苏联要赶

谢尔盖·科罗廖夫

在美国前面发射世界上第一颗人造地球卫星。他要与美国人展开一场和平竞赛。于是，担任苏联火箭总设计师的谢尔盖·科罗廖夫就成了这场和平竞赛的主角之一。

谢尔盖·科罗廖夫 1907 年 1 月 12 日出生在乌克兰一个教师的家庭。当他 9 岁时，举家迁往敖德萨。离他家不远的地方驻扎有一支海上飞行中队，科罗廖夫经常到飞行中队去玩。望着那神奇的翅膀在蓝天飞翔，他幼小的心灵里萌发出对航空的热烈向往。

科罗廖夫 16 岁时，参加了乌克兰和克里木航空协会的滑翔机飞行小组，第二年他设计出自己的第一架滑翔机。对航空的兴趣，使他跨进通向宇宙的门槛。通过自学，他掌握了高等数学和航空学科方面的必备知识和理论基础，进入了基辅工学院的空气动力学班。在基辅工学院的日子里，他醉心于制造滑翔机，兴致勃勃地学习飞行，并开始探索天空的奥秘。

1926 年，科罗廖夫从基辅转学到莫斯科包曼高等学校的空气动力学系。他一边读书，一边在一家飞机制造厂工作，深夜还要伏在绘图板上构思着他的滑翔机。

1927 年，莫斯科发明协会为庆祝苏维埃政权建立 10 周年，举办了首届世界星际航行器械模型展览会和关于星际航行的讲座。这次展览会和讲座对科罗廖夫产生了巨大的影响。他生平第一次听别人如此内容丰富地讲解齐奥尔科夫斯基的思想和章德尔工程师的事迹，第一次从展览的展品和模型中了解到进行宇宙空间飞行的可能性。他见到了许多星际航行装置和各种各样的机械——从齐奥尔科夫斯基的火箭到章德尔的宇宙飞船，看到了戈达德、奥伯特和佩里特里（法国）等人的火箭设计方案。他为这些光辉

飞向太空

119

的思想和人类的杰作所倾倒。

2 年后的一天，科罗廖夫拜访了仰慕已久的宇航之父齐奥尔科夫斯基。这次会见成为他一生中的转折点。正如他后来所说的："从前我的理想是驾驶自己设计的飞机飞行，而见到齐奥尔科夫斯基之后，我一心只想制造火箭并乘坐着它飞行。这已成为我生命的全部意义。"

科罗廖夫放弃了飞机和滑翔机，开始着手火箭的研制。那时，大多数人对火箭抱有怀疑，有些人劝告科罗廖夫，说研究火箭只不过是空想，白白浪费精力和时间。可他却始终坚持自己的观点，对火箭的未来充满着信心。他和一些志同道合的火箭爱好者成立了火箭研究小组，他们的口号是："向着火星——前进！"

经过 2 年的努力，科罗廖夫的火箭研究小组终于研制成世界上第一枚固液混合型推进剂火箭"佩带 09"。1933 年 8 月 17 日，在莫斯科郊外的一块空地上，"佩带 09"火箭正静悄悄地准备着自己的航程。科罗廖夫和同伴们的心情是紧张而又激动的。

液氧注满……开关打开……40 分钟准备……科罗廖夫缓缓地走上前去，点燃缓燃导火线，然后进入掩蔽部。最后 30 秒，10 秒……人们的心儿在跳，四周一片寂静。突然，一声轰鸣，火箭冲天而起，发射成功了。科罗廖夫和同伴们紧紧地拥抱在一起，多年的心血终于换来了成果。

在科罗廖夫的领导下，苏联制订出宏伟的火箭发展规划，其中包括弹道式火箭和有翼巡航火箭的结构设计实验，以及研制借助火箭的载人飞行装置。在 30 年代，科罗廖夫主要致力于用在航空上的火箭技术的研究。可他的目标是宇宙飞行，是到广阔无垠的宇宙空间去活动，他指出要从有翼火箭研究转到可控火箭研究。他提出研制新的液体燃料火箭发动机，减轻结构重量，解决返回大气层问题，制造密封舱和太空生活保障系统等一系列火箭技术新课题。

第二次世界大战结束后，科罗廖夫被派去与被俘的德国佩内明德基地的火箭专家和工程师合作，研究和改进德国的"Ｖ－２"火箭。经过对"Ｖ－２"火箭原型和技术资料的深入了解，科罗廖夫很快掌握了"Ｖ－２"火箭的秘密。在他的主持下，苏联研制出一系列"Ｖ－２"火箭的改进型，成功地发射了第一枚弹道式火箭，使苏联的火箭技术发展到一个新的高度，进入世界领先地位。

1949年，科罗廖夫发起用火箭对大气层的研究，并开始把动物送上太空进行生物试验。1949年5月24日清晨，科罗廖夫设计局研制的第一枚地球物理火箭"P－1A"发射上天，达到预定高度，火箭上安装的2台各85千克的仪器，获得高空飞行的新数据。随后，他选择了2只小狗充当第一批航天使者，进行动物太空飞行适应性试验。1951年6月，这2只小狗被装进地球物理火箭头部的专用密封容器内，成功地发射到了110千米的高空，然后安然无恙地返回地面。通过对动物的一系列发射试验表明："发射时产生的超重和失重对动物的心率、血压或呼吸系统均无重大影响。"

科罗廖夫脚踏实地攀登火箭技术高峰，一步一步地实现他对宇宙飞行的理想。当他从收音机里听到美国总统艾森豪威尔宣布美国将于1957年7月~1958年12月的国际地球物理年发射人造卫星的消息后，他更是激动不已、彻夜难眠。他感到有一种前所未有的强烈使命感。他知道，人类已经开始步入宇宙时代，千百年来人们梦寐以求的宇宙航行和探险将成为现实。他开始连夜赶写

科罗廖夫研究的火箭

关于加快苏联人造地球卫星研制计划的报告。他要走在美国人的前面，让全世界都为苏联人民的成就而感到骄傲。

苏联政府很快批准了科罗廖夫的报告，在哈萨克大草原上，加快了兴建规模宏大的拜科努尔卫星发射基地的步伐。

由于单级火箭的推力不足以发射绕地球轨道飞行的人造卫星，科罗廖夫便把研制更大推力的运载火箭作为自己的重要使命。他根据齐奥尔科夫

斯基关于"火箭列车"的设想，提出用串并联或并联的方式组成多级火箭和捆绑式火箭，并决定首先采用1枚两级火箭来发射第一颗人造地球卫星。

1957年10月4日的夜晚，在探照灯强烈灯光照射下，拜科努尔发射场像是荒原上的一座孤岛。在"孤岛"的中央，一枚巨大的火箭正巍然屹立，傲视着苍穹。

这时，天幕上群星闪烁。凝神远眺夜空深处，天穹好像是一个巨大的生灵，神秘而诱人。天的那边有什么呢？在那遥远而奥妙的宇宙世界里，人们会得到什么呢？

耀眼的灯光映出火箭旁一个青年的身影。他敏捷地把一支金光闪闪的铜号举到唇边：

"嘀嘀一哒一哒嘀嘀一哒……"号音在草原上回荡，直飘向夜空。

"全体注意！全体注意！"

"轰……"一声巨响伴着冲天的火光，火箭载着世界第一颗人造地球卫星"斯普特尼克"1号，像一条巨龙向大气层冲去。它冲破了大气层，把一颗重83.6千克、带有2个无线电发射机的铝合金小球送入到地球轨道。从此，在浩瀚的宇宙中，出现了第一颗人造物体。人类开始进入宇宙航行的新时代。

世界上第一颗人造地球卫星的发射成功在全世界引起巨大轰动。法国的著名物理学家约里奥·居里高兴地欢呼："这是全人类的伟大胜利，是人类文明史的转折点。人类将不再被束缚在自己的星球之上了。"英国的天文台主任贝纳尔·洛维教授说："人造地球卫星的发射是一个出色的成就。它证明苏联的技术进步已达到很高阶段。"美国国际地球物理年全国委员会主席罗杰尔·卡普兰则发表声明："他们在如此短的时间的所作所为令人吃惊。他们花的时间绝不比我们多……"

是的，对美国人来说，他们似乎有着一肚子的委屈。美国的火箭技术并不比苏联差多少，更何况还拥有像冯·布劳恩这样的世界第一流的火箭专家。但是他们太过于自信而忽视了苏联的组织才能和创造力，所以在这场和平竞赛的第一回合中遭到了失败。

为挽回面子，美国急急忙忙在同年的12月4日，从佛罗里达州的卡纳维拉尔角，用海军的"先锋号"三级火箭发射第1号卫星，但是因大风和技术上的故障而不得不推迟2天才发射。可点火以后只2秒钟，又因火箭发动机的推力不足倒在发射台上，整枚火箭在熊熊烈火中烧毁。

第一次人造地球卫星发射失败后，美国立刻调用由冯·布劳恩研制的"丘比特C号"火箭来进行人造卫星的发射。经过紧张的安装和调试，到1958年2月1日，终于把一颗重14千克的人造地球卫星"探险者1号"送入轨道。这颗卫星发射虽然比苏联晚了100多天，但是这颗卫星安装有1台探测放射性仪器，发现了地球外围有一层辐射带。这一科学发现多少为美国人挽回一点面子。

宇航时代就是这样在美苏和平竞赛的背景下拉开了序幕。

征服太空第一人

地球是人类的摇篮。在这摇篮里，人们自由地呼吸着空气，享受着阳光和雨露的滋润。情侣们在晚霞的映照下，沿着海边的沙滩漫步，孩子们在泛着微波的湖面上荡舟、欢唱……

然而在太空中，人们面对的则是一个完全不同的世界。在那里没有重量，没有空气，当然也缺少大气压力。在受太阳光照射的时候，温度高达120℃，而在阴影下或在夜晚，温度又降低至-90℃，最低的时候甚至降到-120℃。在这样恶劣的环境中，如果没有妥善的防护措施，人在太空一分钟也无法生存。因为人体内的气体会急剧膨胀，体液迅速沸腾，氧气从肺、血液和组织中大量跑出来，使人立即死亡。所以，载人宇宙飞行比单纯发射人造卫星要困难得多。

但是，对于那些立志征服太空、探索宇宙奥秘的勇士们来说，太空既是一个死亡的世界，又是一个充满神奇和令人向往的世界。他们要向太空挑战，向人体的极限挑战。第一个站出来发起挑战的勇士是苏联宇航员尤里·加加林。

尤里·加加林出生在苏联一个普通乡村木匠的家庭里。小时候他常和小伙伴们一起围坐在干草堆旁，望着夏夜的星空，听长辈讲关于星星的故

事。他对天空中闪烁的星星感到无比的好奇。

"星星上面有人住吗？"他问妈妈。

"晤，大概有人吧。"妈妈推测道。

"那么，那里的人长得怎么样？和我们一样吗？"

"星星上有飞机吗？"

妈妈和别的大人当然都不能回答他的问题。

"我长大了要到星星上去看看。"幼小的加加林怀着一个美好的愿望。

可是美好的愿望不久被战争的

尤里·加加林

阴影所笼罩。第二次世界大战爆发了，他的家乡被德国军队占领。加加林和别的孩子一样，心中充满着对侵略者的仇恨。那时，他只想着当一名英勇的飞行员，驾着战机去打击侵略者。

16 岁那年，他报名参加了萨拉托夫航空俱乐部，经过文化知识和体能测验，他被录取了。

从秃山的绿色飞机场起飞，加加林第一次离开了地面。从天空中所看到的，完全是一种全新的景象：云海在机翼下翻腾，伏尔加河变成了闪亮的小溪……他知道，从此他再也不能离开飞行，离开天空。天空和飞行成了他生命的全部内容。

加加林以优异的成绩毕业于萨拉托夫航空俱乐部，并许可前往澳伦堡空军学校。当时，学校配备了一批威力巨大的新式喷气式战斗机。喷气机以吼叫的火流燎烤着地面，带着加加林飞向草原的上空，一瞬间就爬上很高的高度。加加林为这种速度和高度而振奋和激动。

当苏联成功地发射了世界上第一颗人造地球卫星的消息传遍四方的时

候，加加林却默默地陷入了沉思。

这天晚上，加加林久久不能入睡。他在练习本上按着想象画出了一幅宇宙飞船的素描。他还在日记中写道：我感到了一种强烈的渴望和苦恼，那就是飞向太空的渴望……

1959年夏天，根据苏联主持载人航天计划的总设计师科罗廖夫的建议，苏联决定在空军飞行员中征召第一批宇航员。当加加林得知这一消息后，便向空军指挥部递交了申请报告："为了发展苏联宇宙研究事业，需要人作飞向宇宙的科学试飞。请考虑我的迫切愿望，如有可能，派我去做专职准备工作。"

加加林的申请被批准了，他成为第一批6名宇航员中的一个。宇航员是光荣的，然而也是艰辛的。他面临着新的考验，一种前所未有的，向人体潜能的挑战。由于太空中的环境十分恶劣，这就要求宇航员有非凡的耐热能力和顽强的意志。

加加林整装待发

1960年的一天，加加林满怀信心地走进宇航员训练中心的高温试验室。试验室的四周墙壁的温度在渐渐上升。起初，室内的热空气使人感到温暖，但是10分钟以后，随着室温的增高，加加林的脸上开始渗出汗水，他不停地用毛巾揩汗，但豆大的汗珠仍不住地往下淌。温度在继续升高，室内已变得炎热难忍，耳朵被炙得十分疼痛。忍耐、忍耐，加加林暗暗地告诫自己。他用最顽强的毅力忍耐着这一切。

血液在太阳穴处汹涌，鼻腔及口腔中的粘液都已全部蒸发，难忍的口渴在折磨着他。每隔10分钟，就有一支体温表从狭窄的窗口塞进来。热负载测试还在继续进行。

"怎么样？是否需要降温？"医生关切的声音从室外传来。

"不，不要！"加加林坚决地回答。他没有发出要求停止测试的信号，尽管他感到全身疼痛。他了解自己，相信自己的毅力。他朝室内温度计瞟了一眼，水银柱在缓缓地向上爬升，最后停在70℃上。这时，加加林已经在高温试验室中度过了100分钟。

温度还在上升。加加林坐在椅子上，双手抓住扶手，一种昏沉沉、迷迷糊糊的感觉向他袭来，他立即警觉了起来。

"不能这样，要坚持。"他竭力用各种方法来激励自己，分散自己的注意力，以驱散笼罩着他躯体的酷热。他想象着北方，冰冷的海洋，严寒的冬天；他追忆着家乡清澈凉爽的小溪，山中奔腾而下的瀑布。他感到周身似乎比刚才舒坦了一些。

水银柱已上升到80℃。加加林仍咬紧牙关，痛苦地坐着。这时他眼睛疼痛，口腔干燥，舌头僵化，汗都蒸发了，但他坚信胜利一定属于自己。

试验最终停止了。当他缓缓走出高温试验室的时候，他微笑了。他知道他战胜了高温，战胜了自我。他离太空又近了一步。

正当加加林在宇航员训练中心为成为第一个飞出地球的人而进行各种特殊训练的时候，以科罗廖夫为首的苏联航天科学家们也在为载人航天计划做着艰苦的努力。

"东方"号宇宙飞船

经过3年多的奋斗，他们获得了大量的宇宙空间资料和试验数据，最终完成了"东方"号宇宙飞船的试验性飞行和回收。1961年3月，苏联先后2次成功地向太空发射了载狗和"模拟人"的"东方"号宇宙飞船，并全部安全返回地面。于是，苏联政府作出进行载人飞行的决定。

4月8日，清晨，科罗廖夫来到第一批宇航员的中间，他环视着每一位成员，最后把眼光落在尤里·加加林那坚毅的脸上。

"加加林同志，历史把光荣而伟大的任务交给你，你将成为世界上第一位遨游太空的宇航员。"

"决不辜负苏联人民的重托！"加加林坚定地回答。

"发射和飞行不会很轻松，既要经受超重，又要经受失重的考验，还可能遇到我们未能预料的情况……"科罗廖夫语重心长地叮嘱着。

"我已经做好了一切准备。请总设计师同志放心。"

科罗廖夫知道，加加林是可以信任的。他转过身去，指着远处的发射台对宇航员们说道：

"在那里，你们将开始人类征服太空的历程！"

就这样，科罗廖夫和加加林这两位征服太空的勇士一起登上发射台的平台，来到"东方"号宇宙飞船的跟前。他们默默地站在金属平台上，凭栏远望，面前展现出缀有绿色和黄色斑点的荒漠原野，高压电缆的线杆像巨人般屹立在原野上。

加加林抬起头来，望着天空。科罗廖夫捉住他的眼神，打破了沉默：

"你是一个幸运儿，我真羡慕你。你将从那么高的地方观察地球，从太空往下看，我们的地球一定很美……"

科罗廖夫把自己有力的双手放在加加林的肩上。

"但是你要记住：什么事都可能发生。不管发生什么事，我们都会竭尽全力援助你。祖国人民期待着你胜利的消息。"

就这样，在4天之后，加加林进行了一次历史性的飞行，成为第一个征服太空的英雄。

1961年4月12日，历史翻开新的一页。人类在迈向宇宙的征途中跨出了伟大的一步。

春天的清晨，苏联哈萨克大草原上仍然寒气逼人。一阵清风从加加林的脸上拂过，他睁开眼睛，望着窗外：天色已经破晓，虽然还没有一个地方泛出朝霞的红晕，但是东方已经发白。四周一切都看得见了，只见远处一枚巨大火箭正整装待发，屹立在草原的中央。

这时，嘹亮的军号声从窗外传来，回荡在加加林的心头。他迅速地站起身来，穿好衣服，开始了使他终身难忘的一天。

起床后，加加林做了例行的早操，然后是梳洗。早饭依然是装在软筒里的宇航食品：肉泥、黑醋栗果酱、咖啡。饭后医生对加加林的身体进行全面检查。检查结果表明他的身体状况良好，可以进行飞行。在人们的帮助下，加加林先穿上一件温暖而柔软的天蓝色工作服，然后套上桔红色的宇宙航行防护服。这种航天服是在早期高空加压服的基础上经改进而制成的。当飞船在卫星轨道上运行时，万一船舱失去密封，航天服能够向人体提供压力，保证航天员的安全。同时，加加林开始检查装在航天服上的各种设备和仪器，最后把一个白色带耳机的飞行帽套到头上，再戴上密封头盔，头盔上写着 CCCP（"苏联"的缩写）4 个醒目的字母。

装有特殊设备的大轿车开过来了。加加林坐到"飞船式"座椅上，这个座椅很像飞船座舱里的那个舒适方便的座椅。他把汽车里的电源接到航天服中的通风装置，向航天服的通风装置输送氧气和电能。汽车载着加加林向飞船发射场地驰去，只见远处火箭的银色壳体像一座巨大的灯塔，在朝阳的辉映下，显得那样的明亮、清晰。汽车越驶越近，火箭变得越来越大，仿佛在不断地长高，直指向蓝天。

这是一个适合飞行的好天气。天空很晴朗，只有很远很远的地方有几片白云。迫不及待的情绪在增长着，人们怀着激动的心情，期待着一个伟大时刻的到来。

终于，载有"东方号"飞船的火箭发射前准备完毕。加加林走到了科罗廖夫等苏联有关领导人面前。

"报告：飞行员加加林乘'东方号'飞船作第一次宇宙航行准备完毕！"

加加林瞧了瞧眼前的飞船，再过一会儿他就要乘这艘飞船去做一次不平常的航行。他的心是紧张而激动的，他感到飞船是那样的美，胜过他曾经见到过的所有的美丽的东西。他为苏维埃祖国的成就而感到骄傲，也为自己的幸运而自豪。

他走到座舱入口旁的铁平台上，向留在地面的人们挥手告别：

"让我们很快再见吧！"加加林说完转过身去，坐进了"东方"号飞船的座舱。

"东方"号飞船包括一个直径 2 米多的球形座舱和一个圆筒形的机械舱。座舱只能乘坐 1 名宇航员，它有 3 个观测舱口，配备有各种仪器仪表和 1 台电视摄像机。宇航员的座椅是弹射式的，可以在发生意外情况时弹射脱险，也可以在降落时弹射出飞船。在机械舱里有动力、驾驶、降落以及通讯设备和供氧设备等。

进入座舱后，加加林检查了通讯联络设备，驾驶台上的电门按钮位置，舱内压力、温度、湿度等。"出发准备完毕!"他向地面报告，然后静静地等待着起飞时刻的到来。

此时此刻，加加林的心情是不平静的。他带着人类的希望和地球的嘱托，踏上了光荣的征程。他仿佛闻到家乡春天原野的芬芳……

时针指到了莫斯科时间 9 点 07 分。在科罗廖夫的"发射!"声中，巨大的火箭载着"东方号"飞船和加加林，在火光、轰鸣、烟雾中腾空而起。

加加林在他写的回忆录《通向宇宙之路—苏联航天员札记》里记述了他当时的感受：

"我听到了啸声和越来越强的轰鸣，感觉到巨大的飞船的整个船体抖动起来，并且很慢很慢地离开了发射装置。轰鸣声并不比在喷气飞机座舱里听到的强烈，但是其中夹杂着许多新的音调和音色。"

"超重开始增强了。我感觉到，有一种不可抗拒的力量越来越沉重地把我压到座椅上。尽管座椅的状态是最适当的，可以把压到我身上的巨大重量的影响减少到最低限度，但是手脚稍微动弹一下仍然是困难的。我知道，这种状态不会持续很久，只是在飞船进入轨道前不断加速时产生的。"

飞船上有短波发射机。加加林通过 2 个短波频率和 1 个超短波频率向地面不断报告他的工作情况，以及冲出大气层后观察到的地球表面的情况。他和地面指挥科罗廖夫始终保持联系，通话就好像面对面谈话那样清晰。

他兴奋地发现，整个世界已一览无余。"多么美啊!"加加林禁不住赞叹道。

"妙极了! 我看到了大地、森林、河流和白云……"他向地面不断报告。

"东方号"飞船按预定时间和高度进入卫星轨道。这时，加加林处在一个奇妙的失重状态。失重，对地球上的居民来说，也许是一种奇怪的、不可思议的体验。

"在我身上这时发生什么变化呢？我从座椅上飘起来，悬在座舱的地板和天花板之间的半空中。当重力的影响开始消失时，我的全身感觉舒畅极了。忽然，一切都变轻了。双手、双脚，以至整个躯体变得好像完全不是自己的。飞行图板、铅笔、小本子……所有没有固定的物件都飘起来了。从水管子里流出的水滴，变成了小圆珠，它们自由地在空中移动着，碰到舱壁时，便粘附在上面了，像是花瓣上的露珠一样。"

加加林在"东方"号飞船中表现得轻松自如，从容不迫。现在人们对此也许不会感到吃惊，可是当时加加林毕竟是第一个经受实际考验的人哪！他努力适应着失重状态的反应，在笔记本上做航行记录，监视着仪表，不时向舷窗外观望，向地面报告着观察情况。

星星明亮而又光洁，太阳也明亮得出奇，它比我们在地球上看到的要明亮几十倍，甚至几百倍，连眯缝着眼也不敢看它。

"从飞船上看到的地球，看起来像个大圆球，色调浓艳，五彩缤纷，一个蔚蓝色的光环罩着地球。这条环带一点点加深，逐渐变成海蓝色、深蓝色、紫色，最后转变成浓墨般的黑色，非常美丽悦目。"

"地球上的高山、大河、森林、星星点点的岛屿和曲曲弯弯的海岸线都很清楚。海洋暗暗的，有许多光斑闪烁着。"

加加林陶醉在这美妙的景色中，但他必须按预定的计划完成一系列记录和观察，然后返回地面。

"东方号"宇宙飞船的结构是复杂的，它依靠自动系统转动各种操纵杆，能使火箭不断修正方向，让飞船按预定轨道飞行。同时，加加林手中还有一套手控系统，只要一按电钮，飞船的飞行和降落就全部由宇航员本人操纵了。

莫斯科时间10点15分，当"东方号"宇宙飞船环绕地球1周飞近非洲大陆时，人类历史上第一次载人航天飞行就要结束了。"这个返回地面的阶段，可能是比进入轨道和在轨道上飞行更加重要的阶段。"加加林这样认为，他开始认真地作准备工作。

10点25分，制动装置在预定时间自动接通，飞船开始逐渐减速，离开卫星轨道，进入过渡的椭圆形轨道。当飞船进入稠密的大气层时，它的外壳迅速地变得炽热起来。透过遮盖着几个舷窗的鱼鳞隔热板，加加林看见了包围着飞船的熊熊大火和惊心动魄的紫红色反光。但是，尽管他置身于一个迅速下降的大火球里，座舱内的温度仍然只有20℃。

失重消失了，越来越厉害的超重把加加林紧压在座椅上。超重不断加强着，比起飞时要强烈得多。飞船开始不停地翻滚，但不久使加加林不安的翻滚停止了，往后的下降正常了。飞行高度不断地降低。1万米……9000米……8000米……7000米……下面伏尔加河像一条白练，闪闪发光。加加林立刻就认出了俄罗斯的这条大河，看清了它两岸的景色。

当加加林确知飞船一定会顺利到达地面时，他开始准备着陆。

"东方号"飞船的着陆，采用的是跳伞着陆的方法。在宇宙飞船上装备了弹射座椅，加加林在大约7000米的高空从飞船里弹射出来，然后与座椅脱离，用降落伞着陆。

10点55分，加加林和"东方号"飞船在飞绕地球1圈之后，顺利地降落在预定地区。一位乡村老妇人和她的正在挤牛奶的女儿迎接了这位天外归客。

加加林首邀苍穹的成功使全世界的人们为之欢欣鼓舞。一时间，报纸、电台、电视台竞相报道有关这次宇宙航行的消息，加加林成了新闻人物，世界到处传颂着他的奇迹。

加加林的奇迹也强烈地震撼着美国政府和美国的科学家，他们认识到美国的火箭技术和航天技术又一次落在了苏联人的后面。他们不甘心落后，他们要奋起直追。

揭开月球的面纱

20世纪初，宇航之父齐奥尔科夫斯基曾在他撰写的一本科幻小说《在地球之外》中，以科学的态度、丰富的想象，描绘了人类到月球探险的故事。

故事发生在 21 世纪。那时地球上已经没有战争，人们和平共处，创造着幸福的生活。有一批来自世界各国的科学家在喜马拉雅山的一座美丽城市中，从事着宇宙开发的研究。他们建造了一艘长 100 米、直径 40 米的"火箭宇宙飞船"，这艘宇宙飞船是纺锤形的，有 20 间船员室和 1 间办公室，可供 20 个人乘坐。

美丽的月球

2017 年的元旦，宇宙飞船发射升空，进入地球的轨道。这时，宇宙飞船处于失重状态，20 个宇航员轻飘飘地在飞船里浮游。

宇航员们穿上了像潜水衣那样的宇宙服，使用一种能够喷出气体的"宇宙枪"，在宇宙空间中行走。他们的行动方式被形象地称为"宇宙游泳"。

宇航员们在宇宙空间组装了一座大型的温室。温室长 500 米，直径 2 米，在室里种植西瓜、草莓、菠萝、李子等植物。这些水果和蔬菜为宇宙旅行提供了丰富的食品。

这种带有温室的宇宙飞船在环绕地球飞行几个月以后，轨道的直径逐渐变大，变得和月球的公转轨道相同，飞船飞行到距离地球 38.5 万千米的轨道上。

接着，宇航员们准备到月球上去探险。瑞典人丁修尔特技师和俄国人伊万诺夫驾着有喷进装置和 4 个车轮的月面着陆船，离开飞船向月球奔去。两人平安地降落在月球的里侧，开始了月球探险。月球上生长着跟踪日光移动的植物和外形像袋鼠、跟踪日光成群移动的动物……

月球探险结束后，两名探险家开动月面着陆船的火箭，离开月球，然后和母船会合，两人返回母船。

宇宙飞船又继续飞向远方。经过若干年，这些探险家开始厌倦宇宙旅行生活，想返回故乡。于是他们使火箭喷射，进入返回地球的归途。

宇宙飞船在进入大气层时，因摩擦而被烧得通红，最后安全地溅落在印度洋上。

在这部小说中，齐奥尔科夫斯基的宇航知识是完整的，其中关于"宇宙游泳"和"宇宙枪"的记述，跟现在的宇宙航行中实际的情况非常相似，用小型"渡船"在月面降落的构想也和现在的"阿波罗"飞船相接近。

到 20 世纪 50 年代末，苏联、美国先后向宇宙空间发射人造地球卫星，拉开了宇航时代的序幕。于是人们在想：人类登上月球的伟大梦想何时能变成现实？月球那神秘的面纱何时才能揭开？

1958 年 8 月 18 日，美国率先向月球发射"先驱者 1 号"探测器，探测器上装有电视摄像机等探测设备，但是探测器第一级爆炸，发射失败了。接着，"先驱者 2 号"、"先驱者 3 号"相继发射，结果都因火箭推力不足，中途返回地球。

1959 年 1 月 2 日，苏联发射"月球 1 号"无人探测器。中途飞行顺利，但是没有命中月球，而从距离月球表面 7500 千米的地方通过，成为第一颗"人造行星"。

同年 9 月 12 日，苏联发射的"月球 2 号"在对月球进行探测后在月球表面硬着陆，成为到达月球表面的第一个地球使者，在历史上第一次实现了从地球到另一个天体的飞行。

3 个星期后，"月球 3 号"进入月球轨道，首次将月球背面部分拍成照片送回地球，使人类第一次看到从地球上无法直接观测到的月球背面的情况。"月球 3 号"的成功，使全世界天文学家和航天科学家感到欢欣鼓舞，他们对苏联的火箭技术赞不绝口，对"月球 3 号"的复杂遥控方式和通讯技术更是称羡不已。

在苏联成功发射月球探测器的时候，美国也开始实施新的无人驾驶探测器的月球勘察计划。计划分 3 个阶段进行。

第一阶段，是向月球发射"徘徊者号"探测器。探测器上装有摄像机，以拍摄月球表面的照片，弄清月球的地理情况。结果"徘徊者 1 号"至

"徘徊者5号"全都失败，"徘徊者6号"虽然命中月球正面的"静海"地区，但是在飞近月球表面时摄像机损坏，没有能够拍回照片。1964年7月28日，"徘徊者7号"第一次获得成功，它命中预定的着陆地点"云海"，在撞击到月面前的17分钟里，它的6台摄像机拍摄了4308张月面的逼近照片，这是历史上第一批月面特写镜头，它显示了小到直径1米的坑穴和几块直径不到30厘米的岩石。接着，"徘徊者8号"也获得成功，拍摄到大量月球表面的照片，澄清了月球表面性质的若干科学争论，查明月球的许多地区非常平滑，完全可以让人驾驶的飞船降落，岩石和石块也比科学家预料的要小得多。

第二阶段是发射"勘测者号"探测器，在月球表面实施软着陆。从1966年5月到1968年1月共发射7艘"勘测者号"飞船，其中有5艘获得成功。它们都在月球表面软着陆，拍摄到最贴近的环境彩色照片，试验了月球表面的坚实程度和土壤的性质，取得了月面上物理、化学的观测成果。从而进一步证明，月球表面并不是由尘埃堆积而成，完全能够支撑宇宙飞船的重量。

第三阶段计划与第二阶段计划交叉进行，从1966年8月到1967年8月，美国先后5次发射"月球轨道环行器"。它们在离月面42~45千米上空的轨道上飞行，拍摄了月球表面约99%地区的高分辨率照片，这些照片使人们完全了解了月球的地理状况。此外，在环绕月球飞行的过程中，由于月球引力的不均匀性，轨道发生偏离，从而获得有关月球内部结构的新知识。

经过对月球的一系列科学探测，彻底揭开了月球这一离地球最近的天体的神秘面纱。那千百年来，为无数诗人的激情和想象而美化了的月球，只不过是一个完全没有生命现象的世界。但是，对于那些探索宇宙奥秘的科学家来说，月球仍是一个令人激动的世界。他们并不想从月球上找到生命，而是想把月球开辟成一个宇宙航行的基地，从那里向更远的太空探索。

■ "阿波罗"11号进入奔月轨道

1969年7月16日，对人类来说是一个值得永远纪念的日子。这一天，肩负着载人登月重任的"阿波罗"11号飞船即将踏上光荣的征途。

午夜2时，佛罗里达半岛湿热而漆黑，但在通往肯尼迪航天中心的公路上却是车水马龙、络绎不绝。上百万来自美国和世界各地的游客和观众，纷纷会集到航天中心所在地的梅里特岛。

清晨4时左右，登月探险的勇士阿姆斯特朗、奥尔德林和柯林斯按时起床，在进行了例行的健康检查后，开始用早餐。他们的神思已飞到15千米外的火箭发射场。

银白色的"土星"5号火箭和"阿波罗"11号飞船巍然矗立在发射架上，在周围明亮的探照灯光的照耀下闪闪发光，好像是马上要去进行人类历史上具有划时代意义的探险活动。

这时，冯·布劳恩已来到发射控制中心。电梯把他送上巨大的控制中心大厅。肯尼迪航天中心主任库特·德布斯在那里指挥着一个50多人的班子。他们坐在一排排的仪表板后面，透过仪表板监视着几千米外的巨大火箭的每一个活动零件。布劳恩走进一个用玻璃围起来的小房间里，他戴上收送话器，调节好耳机，审视了高挂在他面前墙壁上的几个电视屏幕，又看了看在他跟前的控制台上的几个刻度盘，随即进入倒数计时。

这是一个令人焦急不安的时刻。翘首以待的人们等待着天明，等待着激动人心时刻的到来。每一分钟的操作都高度专业化，一切都井井有条。

"3小时……2小时30分……"

3名勇士迈着矫健的步伐向火箭发射台走去，向"阿波罗"11号飞船走去。他们乘上电梯，上升到100米高处，跨进高高的人行栈桥，进入火箭顶部的飞船座舱。工程师们关闭了舱口，并细心地检查了舱口密封情况。控制中心里的气氛更加紧张起来了。

"2小时……1小时30分……"发射控制中心不停地报着数。在最后一小时里，要求报出每秒数。每个人都清楚地知道，哪一秒应该干什么事，到哪一秒结束。

离开发射场几千米外的看台上，早已云集着来自美国和世界各地的名人和记者。有美国前总统约翰逊、206名众议员、30名参议员、19名州长、49名市长、联邦最高法院的法官和政府的部长、69名外国大使、102名外国科技使节和武官、大约 3000 名记者，还有成千上万的游客和观众。他们全都意识到，自己将亲眼目睹一个重大历史事件的发生。

与此同时，远在 1400 多千米之外的休斯敦飞行控制中心，几百双眼睛也紧盯着仪表。通过这些仪表和屏幕，他们可以及时发现火箭和飞船里任何一点错误或事故的迹象。一旦火箭发射升空，所有的控制都将从肯尼迪角的发射控制中心转到这里。复杂的飞行控制工作由 5 台大型计算机来进行，它们随时存储有关宇航中的数据资料，并立即进行处理，发出各种指令。

还有 43 分钟，开始拆卸连接飞船和装配塔的人行栈桥。

还有 42 分钟，在飞船顶部安装了紧急脱险用的悬艇和绳索。

20 分钟！飞船指令舱、登月舱和服务舱的电路被切断，改用飞船内装电源。

6 分钟！火箭、飞船最后检查完毕。

5 分钟！完全拆除过廊横桥，全部工作交给计算机。

3 分 10 秒！自动点火装置开始工作。人已经不能接近。

"出发准备完毕！"从飞船指令舱传来了阿姆斯特朗的声音。

"一切顺利，准备飞行！"地面指挥发出最后的指示。

"非常感谢，我们知道这将是一次胜利的飞行！"阿姆斯特朗满怀信心地回答道。

"50 秒……30 秒……20 秒……"

此时此刻，发射场上，阳光灿烂，盛夏的太阳照耀在大地上，人们忘记了一切。100 多万人屏住呼吸，静静地等待着起飞的一刹那。

"十……九……八……七……""土星" 5 号火箭的第一级的 5 台发动机同时点火，炽热的火焰立即从火箭中喷射出来。这火焰是那么耀眼，以致人的眼睛无法忍受；这火焰是那么明亮，它使周围的世界显得暗淡。

"六……五……四……三……"几十个高压喷嘴猛烈地向发射架和它下面的钢甲板喷射冷却水。近 3000° 的高温使水立刻变成蒸气，云雾升腾。在火山爆发般的蒸气云雾中，巨大的火箭的推力冲击着发射台，这推力等于 1.8 亿匹马力，相当于北美洲全部河流即时发电总量的 2 倍。

"二……一……发射!"

当地时间9时32分,绿色的按钮启动了,巨大的火箭腾飞了,"阿波罗"11号飞船带着人类的光荣与梦想向月球进发了!

当气势雄伟的火箭伴着隆隆的轰鸣声徐徐上升,冲向大西洋上空的时候,千百万人的眼睛也跟着火箭升腾。"飞吧,飞上天吧!"人们开始欢呼,开始跳跃,许多人掉下了热泪。"阿波罗"11号飞船在人们的掌声和欢呼声中加快速度,直冲云霄……

这时,休斯敦飞行控制中心的工作人员开始紧张起来,因为"阿波罗"11号的命运已全部掌握在他们的手中。发射后2分15秒,第一级火箭5个发动机中的一个停止喷射。本来直喷的火焰开始向旁喷射,宛如一把打开的伞。计算机指令火箭的制动装置工作,火箭为使自己飞向准确的方向,开始自动调节。

"'阿波罗'11号,我是休斯敦。发动机情况良好,准备甩掉第一级!"

"已通过水平距离78千米,准备完毕!""阿波罗"11号回答。

2分42秒,第二级火箭的5台发动机点火工作,第一级火箭被甩掉。此时,"阿波罗"11号飞船的速度约为2.7千米/秒。第二级火箭一边提高高度,一边慢慢地向水平方向改变飞行姿态。为了使飞船进入地球轨道,须使最后一级火箭进入大致水平方向后点火。

3分17秒,救生火箭被甩掉。

9分11秒,第二级火箭燃料烧完被甩掉,第三级火箭点火工作。"阿波罗"11号达到6.8千米/秒的速度。

第三级火箭是一种发动机可以多次启动的助推装置。它的第一次喷射是为了使飞船进入环绕地球的轨道。

11分40秒,第三级火箭第一次熄火。"阿波罗"11号飞船达到7.67千米/秒的速度,进入地球轨道。

"'阿波罗'11号,你现在已进入地球轨道。请按照预定计划准备下一项工作。"休斯敦向宇航员发出指令。

"11号明白。"

"阿波罗"11号从肯尼迪航天中心发射起,到它进入地球轨道的过程中，地面上始终有一张巨大的监测网跟随着它。监测网包括19个地面跟踪观测站，4艘雷达船和8架CA－135型飞机，它们随时将测得的飞船的各种数据通知休斯敦的飞行控制中心。控制中心再根据这些数据对"阿波罗"11号进行控制和指挥。

"我是休斯敦。'阿波罗'11号，飞船和火箭的制导装置已检查完毕，工作非常好。"

"真棒！"指令长阿姆斯特朗兴奋地说道，显然3名宇航员对这次远航的良好开端感到格外高兴。此时，他们已飞行在地球轨道上，可以脱下臃肿的太空服轻松一下了。在脱离地球轨道奔向月球前，还有大量的工作在等着他们，"阿波罗"11号飞船上的每个部分都得仔细检查，在这一过程中，休斯敦控制中心和宇航员之间频繁传递着消息和各项指令。

1小时后，"阿波罗"11号全部检查完毕。"一切正常！"对此，宇航员和控制中心都表示满意。

"'阿波罗'11号，一切顺利！一分钟内点火，向月球挺进！"

"是，点火。"

"发动机动力很足，制导装置工作正常，雷达追踪无误！已喷射5分钟，好，向月球进发！祝你们一路平安！"

"明白。"

当然，此时飞船不能正对着月球飞，因为月球是不停地转动着的，飞船飞到月球要3天。如果现在就对准月球，那么3天后就不知要落到哪里去了。因此，飞船必须选择好脱离地球轨道时的角度和速度。就这样，第三级火箭第二次喷射，带着飞船转动着脱离了地球轨道，随后升到一个新的高度。这时飞船已接近第二宇宙速度，它冲出地球的控制，按预定计划进入了奔月轨道。

到达月球的路程是38万千米，"阿波罗"11号是沿着环绕地球和月球的狭长椭圆形轨道的边缘飞行的，所以需要较长时间，即3昼夜多才能到达月球轨道。发射后3小时16分，按照休斯敦的指令，宇宙飞船和"土星"5号第三级火箭分离。这次第三级火箭是带着登月舱与飞船分离的，为的是把登月舱调换到前面去。

发射飞船的时候，指令舱在最上面，中间是服务舱，下面才是登月舱。指令舱上面有救生火箭（逃逸火箭），一旦出事可以靠救生火箭把指令舱带走。可是登月的时候，就得把登月舱放在前面了，以便宇航员通过指令舱与登月舱之间的通道进入登月舱。

"阿波罗" 11 号进入奔月轨道

指令舱驾驶员柯林斯掌握操纵杆，驾驶着飞船翻了一个大筋斗，转到了登月舱的后面，并甩掉指令舱和登月舱上的舱罩。然后，柯林斯把指令舱的锥顶对准登月舱顶部的连接孔，慢慢靠近。距离越来越近，锥顶准确地插入登月舱的连接孔。孔的内壁和锥底的 3 个钩环牢牢地啮合在一起。接着，奥尔德林卸下登月舱和指令舱之间的封闭板，安置好电源电缆，使两者连成一体。整个对接过程，有点像火车机车与车厢的挂接，不过要复杂和危险得多。

飞船发射后 4 小时 10 分，第三级火箭完成它的使命，彻底和飞船脱离。飞船从第三级火箭中拖出登月舱，重新转变方向，使登月舱在前，指令舱居中，服务舱在后。

此时，"土星" 5 号火箭的使命已经全部完成，它顺利地把 "阿波罗" 11 号宇宙飞船送上了奔月轨道。在以后的航程中，"阿波罗" 11 号飞船只要依靠惯性，就可以到达绕月轨道，最后登上月球。

"哥伦比亚" 初试锋芒

黎明前的黑暗笼罩着肯尼迪航天港。竖立在 39 – A 号发射台上的 "哥伦比亚" 号航天飞机，在 4 束探照灯的强光照射下，轮廓清晰地巍然耸立着。

天渐渐亮了，大西洋的海风轻轻吹来，路边的棕榈树沙沙地作响。佛罗里达州卡纳维拉尔角沿海几千米的地方，汇集了来自美国和世界各地的大约上百万参观者，熙熙攘攘，热闹非凡。

"哥伦比亚"号的驾驶舱里，2名宇航员正在仔细地检查着仪表，他们是机长约翰·扬和宇航员罗伯特·克里平。对机长约翰·扬来说，这将是他的第5次太空飞行，而克里平则是第一次参加宇航。

"有了你们，我们无比骄傲……"发射主任乔治·佩奇用洪亮的声音读着里根总统给宇航员的贺信。此时，佩奇的心中感到无比喜悦，脸上浮现出满意的笑容。历经艰难的"哥伦比亚"号终于站在了起飞线上。

"我相信这将是一次成功的飞行。祝你们一路顺风！"

预定起飞的时刻是当地时间7点整。这一时刻马上要到了。麦克风里传来响亮的倒数计时声，"十……九……八……七……"成千上万双眼睛都紧盯着发射台上闪闪发光的航天飞机。突然，"哥伦比亚"号的尾部冒出了一团烟云，接着烟云迅速扩大并传来闷雷般的隆隆声。为了安全起见，3台主发动机间隔点火，一旦发现有什么故障，可趁航天飞机尚未离开地面时，紧急关车。如果3台主发动机工作正常，则点燃推力巨大的2个固体助推火箭，航天飞机就可立即升空。

刹那间，"哥伦比亚"号从发射塔上腾空而起，尾部喷射着长长的桔黄色火焰和白色的烟雾，直刺蓝天。

"美国第一架航天飞机正在起飞，它已离开发射台。"实况播音员以激动的声音报告这一喜讯。

起飞后50秒，航天飞机进入空气阻力最大的区域。这时，航天飞机所受的气压达到最大值，如果在这压力下航天飞机发生变形或遭到破坏，则将前功尽弃。这一区域是起飞

"哥伦比亚"直刺蓝天

后遇到的第一道难关，只要闯过这道鬼门关，即使"哥伦比亚"号的速度超过音速也不怕。因为过了这个区域，大气变得稀薄，阻力也就降低。

航天飞机安全地越过最大阻力区。"节流阀全开！全速前进！"控制中心向宇航员发出指令。这时航天飞机从人们的视野中消逝了。

2分钟后，航天飞机的速度达到1.4千米/秒，离开地面50千米。固体火箭助推器的任务至此全部完成，与航天飞机分离，随即向大西洋海域溅落下来。

助推器分离后，靠主发动机使航天飞机继续爬高。当爬升到100千米高空时，距离发射已将近9分钟，巨大的外挂燃料箱已囊中无物，自控系统使它与航天飞机分离，在降落中被烧毁。2200多吨重的航天飞机一下子减轻到110多吨，真是轻装上阵了。

航天飞机的2台小型轨道调整火箭发动机开始点火，"哥伦比亚"号进入低轨道。

"哥伦比亚"号入轨的消息传到地面，发射场周周一片沸腾，人群中爆发出久久的欢呼声。

进入绕地球轨道后，约翰·扬和克里平开始全面检查航天飞机的各个系统。第一项工作就是打开货舱门，用电视摄像机检查航天飞机。

克里平走到货舱控制台，轻轻地按了下按钮，货舱门立刻缓缓地打开了。

"货舱门已全打开，看来情况良好。"克里平向地面控制中心报告。

"好，知道了。不过，从电视上看，发动机罩上的防热瓦似乎出现异常……"控制中心向宇航员呼叫。

"哎呀，好几处都有防热瓦脱落！右舷上缺3块大的和几块小的，左舷上已出现一个很大的四方形和几个三角形脱落区。"克里平惊叫起来。

控制中心的几十名工程师和有关人员立刻召开紧急会议，研究出现的意外情况。

"克里平，经过研究得出结论，这不影响返航。放心吧，继续工作。"

"好极了！"

工作进行得很顺利。过了一会儿，2名宇航员开始进午餐。饭后，扬和克里平检查了舱内情况，一切正常。然后，脱掉太空服换上舱内工作服，用电视摄像机向地面传送了舱内情况。对于那些前辈宇航员们来说，眼前如此宽绰而舒适的舱内环境确实令人羡慕。

晚上7时，2名宇航员开始睡觉。本来，"哥伦比亚"号上备有卧室，可是为了防备万一，这一夜他们就睡在驾驶舱里。预定睡眠时间是8个小时。舱内温度在15℃～20℃之间，可是，后来温度逐渐下降。8小时后，扬和克里平醒来时，温度已下降到3℃左右。他们立刻打开温度调节系统，温度又恢复了正常。以后的航程使宇航员非常愉快，简直忘了时间。

返航前6小时，2名宇航员开始检查飞机的自动控翻系统，并把飞机上的东西固定住。最后，关闭货舱门的工作开始了。如果货舱门关不严，那就很难想象宇航员能活着回地球。扬和克里平，还有地面控制中心的人们都屏息静候着。

"关闭！完全锁住。"2名宇航员终于松了一口气。现在，可以认为这次首航任务已经基本结束。但是，对航天飞机来说，发射入轨难，安全返回更难。

以往"阿波罗"飞船穿过大气层后如一团火球直落大海，完全靠雷达跟踪和快艇救援。不然，沉入海底的危险时刻存在，不能不令人心惊胆战。而"哥伦比亚"号则不同，它像大型滑翔机，必须安全滑翔着陆在指定机场的跑道上。这一点，迄今为止还没有人试验过，所以降落能否成功，安全程度多大，谁都心中无数。

离着陆时间还有1小时30分，"哥伦比亚"号正在绕地球作第36周飞行。

"轨道脱离发动机准备点火。"从地面控制中心传来指令。

离着陆时间还有1小时27分，"哥伦比亚"号飞行在亚森欣岛跟踪站上空。

"轨道脱离发动机点火。"

"明白，立即执行。"

约翰·扬按了机尾和机首姿控发动机点火按钮。准确地说，他不是按发动机的点火按钮，而是计算机的键盘。

　　"哥伦比亚"号立即旋转180度，以机尾朝前、机腹朝地球的姿势继续飞行。2台轨道变换发动机逆喷射，使飞机速度急剧下降，开始重返大气层。

　　4分钟后，约翰·扬把机头调整向前，并开动姿态控制发动机，使航天飞机能准确地以40°角俯冲进入80千米高空的稠密大气层。这时，机身同大气发生剧烈摩擦，产生超高温，银白色的"哥伦比亚"号顿时烧得发红。航天飞机四周的大气因高温而电离，使哥伦比亚号与地面的无线电通讯联络中断了15分钟。

　　当航天飞机下降到50千米高空时，它的飞行速度已降到1.08万千米/时。这以后2分钟，在它离地面37.8千米时，时速降为7680千米。

　　"得到的数据正常，外观良好。"是的，防热瓦又一次经受住了考验。

　　"哥伦比亚，刚通过海岸线。"从地面控制中心不断传来呼叫。

　　"如此前往加利福尼亚还是第一次。"克里平显得兴致勃勃。

　　着陆采用手动操纵。当航天飞机下降到离地面仅34千米处时，机长约翰·扬改用手动操纵，并作倾斜飞行。

　　"从倾斜飞行回复原位很完美。似乎觉得控制也很容易。"扬机长向地面报告。

　　"哥伦比亚"号越过海岸和山岭，向东方飞去。这时，远距离照相机捕捉到"哥伦比亚"号在阳光下发出的闪光。

　　是"哥伦比亚"！它终于出现在蔚蓝的莫哈维沙漠上空。

　　4月14日，爱德华空军基地上空万里无云，一丝风儿也没有。为了迎接"哥伦比亚"号的首航归来，这里早就做好了一切准备。约20万人兴致勃勃地聚集在酷热干燥的干湖床上，等待目睹一个激动人心的场面。

　　上午9点30分，2架飞机起飞，准备护航。10点左右，2架直升机在着陆点上空巡逻。现场气氛使人感到着陆的时刻正在临近。大约10点20分钟左右，高空中接连传来两声巨响，那是飞机跨音速的一种特有现象。接着阳光照射下的一个白亮点出现在蓝天之中，越来越大。

　　"在那儿！"人们不约而同地站起来喊道。"哥伦比亚"号的机形渐渐清晰了，人们开始欢呼起来，整个基地一片欢腾。

高度 2700 米。

高度 540 米，离着陆 35 秒钟。

扬机长猛力把机首向上提高。

高度 75 米，航天飞机放下了起落架。

几秒钟后，起落架的 3 个轮子在硬沙地上扬起了尘土。着地速度是普通客机的 1 倍多。

"哥伦比亚"号在爱德华空军基地一降落，特别装备的车辆就飞驰到航天飞机旁边。身穿防护服的地面人员采取了一系列保护措施，清除了飞机周围的有毒气体，然后才打开舱盖。约翰·扬和克里平在航天飞机着陆 1 小时后，精神抖擞地走下舷梯。

"哥伦比亚"号航天飞机首航的成功，标志着人类进入宇宙空间第二阶段的开始。利用航天飞机，人类可建立巨大的空间站，有可能实现空间工业化，开创空间的材料加工和空间工程，在绕地球轨道上建立、设置和维护巨大的工程结构。这将给人类带来不可估量的影响。

"挑战者"后来居上

"挑战者"号是美国制造的第二架航天飞机，它在结构、材料和设备方面都在"哥伦比亚"号的基础上作了改进。它的尾翼、起落架舱门等改用轻型蜂窝材料，机外燃料箱和固体火箭助推器用的钢板也比较薄，并取消了一些支架结构，使总重量比"哥伦比亚"号航天飞机要轻 4500 千克，这样它的运货能力就相对的增加了。

"挑战者"号航天飞机的座舱分上下两层，每层可供 4 名乘员工作或休息。"挑战者"号机身外粘贴的防热瓦也作了改进，提高了耐高温的能力，增强了粘着力。

"挑战者"号的处女航曾因各种原因而被一再推迟，直到 1983 年 4 月 4 日才正式发射。那天下午当地时间 1 点 30 分，带着桔红色机外燃料箱的航天飞机以 2.8 万千米/时的速度从卡纳维拉尔角升入太空，飞向 280 千米高的地球轨道。它的 3 台主发动机和 2 个助推火箭喷射熊熊火焰，发出强烈的

RENLEITANXIANSHISHANGWEIDADEFAXIAN

震动波，久久地回荡在佛罗里达的上空。

"挑战者"号航天飞机的首航与"哥伦比亚"号的首航不同，它除了对自身飞行能力和机载设备进行试验外，还负有重要使命。所承担的第一项任务就是进行太空"行走"，以检验新的太空服的性能，为将来宇航员在轨道回收或修复人造卫星积累经验。

起飞后 3 小时，"挑战者"号已进入绕地球的圆形轨道。47 岁的宇航员马斯格雷夫和 49 岁的彼得森先后走进密封舱与货舱之间的过渡舱，然后缓缓打开过渡的气闸门，进入货舱。货舱里很空，一根 18 米长的缆绳自货舱的一端通到另一端，他们把太空服上拴着的一根安全带的一端，系在缆绳上。这根安全带长 15 米，既可以保证他们在太空自由"行走"，又可以避免他们"飘"离货舱。

马斯格雷夫和彼得森在失重、真空的货舱内穿着太空服来回走动，伸臂曲腿，飘浮游荡，并打开工具箱，取出各种特制工具，以检验穿着太空服是否灵活，是否能从事各种操作。因为今后修复丧失功能的卫星的工作就是在这样的环境下进行的。

"挑战者"号发射成功

根据预定的飞行计划，他们在货舱的活动时间是 3.5 小时，由于"行走"情况良好，地面控制中心决定延长太空活动时间，所以他们实际"行走"了 4 小时。在返回密封舱前，他们先在过渡舱里呼吸了 3.5 小时的纯氧，把血液里的氮气排出体外。

人类第一个实现太空"行走"的是苏联宇航员列昂诺夫，1965 年 3 月他在"上升"2 号飞船外只待了 9 分钟。这次马斯格罗夫和彼得森能够自由"行走"4 小时，主要是得益于新的太空服。

这套太空服有 9 层，最外一层是坚韧柔软的白色尼龙织物。太空服在重要的关节和腰部都装有轴承关节，使宇航员在行动上有很大的自由。太空服分为上身和裤子，上身与生命保障系统相连，并很容易穿脱和维修。过去的登月太空服穿脱要花好几个小时，而这套太空服的穿脱只需 20 分钟。另外，这套太空服上还安装有各种性能检测装置，随时检测太空服的性能和故障。

这次"挑战者"号首航的最主要任务是把一颗重 2.5 吨的美国宇航局的"跟踪和数据中继卫星"送入地球轨道。这颗卫星将承担地面、航天飞机以及在太空轨道运行的 26 个有效载荷卫星之间的通讯联络。

当"挑战者"号飞行到南大西洋上空时，卫星被弹射出货舱，进入了太空。遗憾的是，它没能按计划进入预定高度。后来，又花了近 2 个月的时间，经过 39 次点火推动，才把卫星送入预定轨道高度。

"挑战者"号航天飞机的再一个试验项目是把一批植物种子带上太空。这批种子共有 46 个品种，被分成 4 份，一份种在南卡罗来纳州的试验农场，一份种在卡纳维拉尔角，另两份 13.3 千克重的种子装在特别的罐内，带上太空。但它们的包装情况不同，其中之一装在简易的塑料袋里，让种子接触真空、温度变化和宇宙辐射，另一份种子置在密闭的容器里，以研究太空环境对植物生长的影响。

在这次航天飞行中，宇航员还进行了一次人工造雪试验。可是，由日本研制的这套"人工造雪装置"始终未能造出雪来。

1984 年 4 月 9 日，在绕地球转了 80 圈，飞行了 330 万千米后，"挑战者"号完成了它的首次飞行任务，降落在爱德华空军基地。飞行试验证明，"挑战者"号航天飞机是美国性能最佳的航天飞机。所以，在以后的一段时间里，"挑战者"号成为美国飞行次数最多的一架航天飞机。

1985 年 7 月 12 日，经过检修后的"挑战者"号航天飞机第 8 次矗立在肯尼迪航天中心的 39 - B 号发射台上。执行这次飞行任务的宇航员是机长富勒顿担，驾驶员布里奇斯。此外还有 5 名乘客，他们是地球物理学家英格兰、医生马斯格雷夫、天文学家赫尼泽、天体物理学家巴托伊和阿克顿。由于"挑战者"号的前 7 次飞行都非常顺利，所以他们对完成这次飞行任务充满信心。

发射过程在电子计算机的控制下正常地进行着。发射前 6 秒钟，航天飞机的 3 台主发动机已全部点燃，喷射出通红的火焰，蒸气犹如翻腾的乌云，从飞机尾部滚滚而出。突然，"挑战者"号上的计算机系统发出警报，红色的信号灯闪闪发光。与此同时，计算机立即指令关闭发动机，发射失败了。

飞行出师不利，宇航员们感到非常失望，但幸好没有酿成大祸，航天飞机和发射场也完好无损。

经过半个月的检测和修理，"挑战者"号航天飞机再次站在起飞线上。这次大家都格外小心谨慎，不让任何微小的事故隐患出现。可是，隐患还是出现了。在发射前的几小时，人们发现固体火箭助推器上的一个陀螺仪出了毛病，发射再次推迟 1 小时。经过 30 分钟的抢修，排除了故障，"挑战者"号发射升空。

一波刚平一波又起。在航天飞机起飞后 5 分 45 秒，3 台主发动机中的一台温度传感器失灵，发出错误信号，使这台发动机提前 3 分钟熄火。这时"挑战者"号已飞离地面 112 千米，但尚未入轨。情况十分危急！如果不采取措施，"挑战者"号将不能进入轨道，甚至可能会坠入大西洋。

控制中心立即指令富勒顿担机长，采取应急措施，使航天飞机在只有 2 台主发动机推动的情况下继续飞行了 3 分钟。在飞行了 3 分钟后，又启动姿态控制发动机，将"挑战者"号调整到一条离地面 304 千米的低轨道。这个轨道虽然比原定轨道要低 80 多千米，但"挑战者"号总算化险为夷，能够执行飞行任务了。

"挑战者"号的第 8 次发射虽然几经艰险，可是它的太空飞行任务却完成得非常出色。

太阳物理学家阿克顿利用自动控制的 4 架太阳望远镜对太阳进行考察。观测获得意想不到的成果，阿克顿发现太阳的色球层比原来想象的要活跃得多，这个现象后来被命名为"阿克顿效应"。阿克顿还利用航天飞机上的一台紫外望远镜，观测到太阳爆发，并向地面发回有关这次太阳爆发的详细图像。

天体物理学家巴托伊则利用一台 X 射线望远镜扫描遥远的星系群，提供了寻找"黑洞"的线索。他用一台红外望远镜探测了宇宙尘埃形成的漩涡云。这些观测都取得大量的数据、照片和录像资料，有些成果要好多年以后才能知道。

宇航员还进行了太空失重条件下的植物生长试验。其中，燕麦籽在太空飞行中发了芽，第三天后麦苗长高了 5 厘米，4 株曾在地面生长 10 天的松树苗，在太空中继续生长，3 天内长高约 10 厘米，还有在太空栽种的绿豆苗长高了 2.5 厘米，这些实验对今后建立永久性空间站具有重要意义。

"挑战者"号这次飞行的最后两项任务是在太空施放一颗装满仪器的小型卫星和发射电子束。宇航员在飞临太平洋上空时，扣扳了一架电子束发生器，从 280 千米的高空对地面发射出明亮的电子束。美国设在夏威夷的观测台记录到电离层的气体和粒子场引起的强烈扰动。对于这项实验的目的众说纷纭。宇航局说，是用来研究航天飞机周围等离子体的基本物理现象，但人们普遍认为这是"星球大战"计划试验的一项重要内容。

自 1981 年 4 月 12 日"哥伦比亚"号航天飞机试航以来，到 1986 年 1 月 12 日，在将近 5 年的时间里，美国的"哥伦比亚"号、"挑战者"号、"发现"号和"阿特兰蒂斯"号航天飞机相继发射升空。这期间，共有近 100 名宇航员分批进行了 24 次航天飞行，均获成功；共施放人造卫星 30 颗，回收卫星 3 颗，太空修理卫星 2 颗，携带空间站 1 个，完成了数百项有关生物学、医学、天文学、空间材料加工和航天技术等实验。

中国第一星

中国，是火箭的故乡。早在几千年前，中国人就已经使用一种带火的箭来攻击敌人。后来，随着火药的发明，宋代的冯弦又制造了世界上第一枚固体火箭，使中国成为最早使用和掌握火箭技术的国家。中国人发明的原始火箭，如同历史的杠杆，把地球撬动了，仿佛人类强健的肌体第一次产生出巨大的爆发力。

然而，历史总是在怪圈中盘旋。从 15 世纪起，东方古国文明的大门关闭了，中国同世界渐渐拉开了距离。吮吸了东方文明乳汁长大的西方各国，在短短的 400 年间，一跃成为世界文明的中心，最先走向宇航时代，把中国人毫不客气地抛在后头。但是，中华民族是龙的传人，懂得如何在逆境中腾飞。曾经创造灿烂的东方文明的中国人，一定会再一次走在世界的先进行列。

1957年10月，苏联第一颗人造地球卫星上天，半年后，新中国的领导人毛泽东向全国发出"我们也要搞人造卫星"的号召。为了争取时间，提高起点，根据中苏两国签订的《新技术协定》，由苏联帮助中国仿制P-2火箭。于是，数以万计的志愿军、大学毕业生、工人和技术人员，浩浩荡荡地开赴甘肃酒泉的巴丹吉林大沙漠，创建中国第一座航天城——酒泉火箭发射基地。

那时，在这个千古荒漠的戈壁滩上完全是狂风的世界，黄沙的海洋，看不到绿树的倩影，找不到清水的源泉。火箭基地的建设者们参加的第一场战斗就是放下枪支和笔杆，扛起锄头和铁锹，在沙碛地上支起栖身的篷帐，搭起生火的锅台。他们冒着沙漠炎热的高温，顶着戈壁扑面的尘沙，打井的打井，开荒的开荒，展开一场又一场特殊的战斗。

一条条马路向沙漠纵深挺进，一幢幢红色的楼房拔地而起，一棵棵白杨树幼苗生气盎然，一台台仪器设备高唱大风歌……如同奇迹一般，戈壁滩上出现了永不消失的海市蜃楼。

可是，正当仿制P-2火箭的工作进入最后阶段时，苏联领导人却下令撤走了全部专家，并拒绝提供火箭燃料。怎么办？用国产燃料把火箭打上天去！总理、元帅、将军、科学家用坚定的声音回答道。

1960年9月10日，中国第一次在自己的国土上，用自己生产的国产燃料，成功地发射了一枚苏制P-2火箭。不久，11月5日，我国自己制造的第一枚近程火箭"东风"号屹然耸立在发射台上。

"一切准备就绪……"8时正，基地司令员李福泽向聂荣臻元帅和钱学森报告。"准备进入1小时准备……"

"我同意！"元帅望了望钱学森。钱学森说："我同意！"

"进入1小时准备！"李福泽对着话筒大声喊道。

"10分钟准备！"

9时正。

"十、九……三、二、一，牵动，点火!"

"轰"，一声巨响，火箭在火光中腾起、倾斜，然后在天空划出一道弧度，向预定目标飞去。

"成功了!"中国制造的第一枚近程火箭"东风"号发射成功了!

元帅、科学家和航天事业的创业者们流下了激动的热泪。

但是，要发射人造卫星，还必须研制出具有更大推力的运载火箭。1964年6月29日，中国改进设计的中近程火箭"东风"2号发射成功。从此，中国开始独立研制运载火箭。

第一枚近程火箭"东风"号

通过60年代前期的工作，中国的火箭技术已经达到一个新的水平，成功地研制出几种战略火箭。1965年中国正式开始实施"人造卫星工程"，着手进行中国第一星"东方红"1号人造卫星和大型运载火箭"长征"1号的研制工作。

"长征"1号是一枚三级火箭，它是在我国自行研制的两级中远程火箭的基础上，加上一级固体燃料而成的。它能把300千克重的卫星送入高度为400多千米的近地轨道。

在周恩来总理和元帅们的关怀下，"长征"1号成功地进行了19次三级固体火箭发动机的地面试车。1970年1月，"长征"1号的一、二级火箭成功地进行了飞行试验，突破了高空点火技术和两级分离技术。

在"长征"1号运载火箭研制成功的同时，"东方红"1号卫星经过4年多的研制，也完成了总装测试和各种环境试验。为了使人们能在地球上用肉眼看见卫星，采用的技术方案是：卫星与运载火箭分离入轨后，末级火箭也跟着卫星在空间运行，并在末级火箭上加上"观测裙"，以提高火箭的亮度。"东方红"1号还装有《东方红》乐曲发生器和转播系统，经过地面接收和转播，人们能用普通收音机收听到从卫星发出的《东方红》乐曲。1970年4月1日，载着卫星和火箭的专列到达酒泉卫星发射场，开始发射前的装配、测试工作。卫星发射场是在原火箭发射试验场的基础上改建和扩建成的。为保证跟踪和观测卫星，在西安还建立了卫星地面测控中心。

4月24日，中国第一星"东方红"1号的发射时刻来到了。发射零点初步定在北京时间21时。

"1小时准备!"负责前线技术指挥的钱学森向北京的罗舜初将军报告。

突然，发现星上的应答机对地面测控系统触发信号没有反应，火箭制导系统的气浮陀螺也发现有响声。

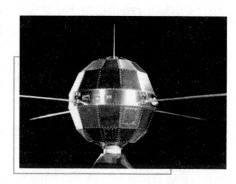

"东方红"1号卫星

"推迟半小时发射!"罗将军在请示总理后，下达着口令。

"全部修好，一切检查完毕!"经过40分钟的调整，罗将军向周总理报告。

"好! 我祝你们成功!"北京时间21时35分，中国第一星"东方红"1号在"长征"1号火箭一阵阵沉重的轰鸣声中，缓缓拔起，扶摇直上，飞进夜空……

火箭冲破大气层，经过"主动段"、"滑行段"，到达预定高度后第一级火箭壳体脱落，第二级点火，加速飞行，过渡到惯性飞行，二级脱落，第三级点火。13分钟后，"东方红"1号与火箭分离……中国第一星进入预定轨道，开始了它壮丽的航天行程。

1970年4月25日18时，新华社授权向全世界宣布中国成功地发射了第一颗人造卫星。

中国第一颗人造卫星发射成功，全面考核和验证了卫星、火箭、发射场、测控网各大系统的有效性和协调性，是中国航天技术发展的一个重大突破。它虽然比苏美等国晚发射许多年，但它超过了国外第一颗卫星的技术水平，特别是卫星的重量超过了苏美法日4国第一颗人造卫星重量的总和。

中国第一星的发射成功，在全世界引起巨大反响，外国权威人士评论说："中国把卫星射入地球轨道，显示出中国掌握了先进的火箭技术和制造出大型火箭的技能。"

飞向同步轨道

"东方红"1号卫星和"长征"1号运载火箭的发射成功，揭开了中国航天事业的序幕。

1973年3月3日，中国用"长征"1号火箭发射了第一颗科学实验卫星"实践"1号。这颗卫星重221千克，为直径约1米的72面球形多面体。在卫星壳体表面装有太阳能电池板，用它和蓄电池作电源，能使卫星上的仪器长期工作，向地面发送各种科学数据。

继"长征"1号火箭之后，中国又研制了"长征"2号运载火箭。这是为发射低轨道的重型卫星而研制的两级液体火箭，它能把1.8吨重的卫星送入数百千米高的椭圆轨道。

1975年11月26日，"长征"2号运载火箭首次发射成功，把中国第一颗返回式遥感卫星送入轨道。返回式卫星能按照人们的指令，使部分星体准确地返回地面。

"长征"1号和"长征"2号火箭都是采用常规燃料作推进剂，因此推力受到一定的限制。若要将同步通信卫星送入地球静止轨道，就必须要有一种强大推力的火箭作为运载工具。

美国早在50年代就开始了这种大型运载火箭的研制，在1963年将人类第一颗同步通信卫星送入了地球静止轨道。

从1968年开始，西欧7个国家联合起来研制大型火箭"欧罗巴"1号，结果历时10年，耗资8亿美元，终未成功。从1973年起，西欧11个国家又联合起来组建欧洲空间局，开始研制"阿里安娜"火箭，历时7年，又耗资8亿美元，获得了成功。

中国从1974年开始研制能发射同步通信卫星的"长征"3号运载火箭。这是一种多用途的大型运载火箭。一、二级以远程液体火箭为原型进行修改设计，第三级采用世界上最先进的低温燃料发动机——氢氧发动机。它可将 1.4 吨重的通信卫星送入远地点为 3.6 万千米的地球静止轨道。

目前，能掌握氢氧发动机技术的，除了美国、法国外，便是中国，而能解决氢氧发动机在高空失重条件下进行二次点火技术的，则只有美国和中国。

因此，火箭氢氧发动机，被公认为世界航天领域的尖端技术。为了攻克这一尖端技术，中国的火箭专家们经历 100 多次失败的考验。1978 年，当氢氧发动机首次进行试车时，由于有人违章操作，发生了爆炸起火事故，当场造成 10 人受伤。于是，有人提出了反对意见，也有人建议到美国的公司去购买一些部件。但是，"长征" 3 号的设计者们坚定地回答："就是掉脑袋，也要继续试验！"

电键掀动了。发动机轰隆隆地响着，喷出强大的火焰，1 秒、2 秒、10 秒、50 秒……好，成功了！

突然，出现了漏火！赶快停机！

就这样，一次又一次，漏火问题终于被克服了。

就在 "长征" 3 号的设计者们取得节节胜利的时候，一支从茫茫戈壁开来的队伍，却已在四川西昌市以北约 65 千米处的一条大山沟里默默地奋斗了多年。他们在这古老而神秘的峡谷里生活着、创造着，用青春和热血筑起了一座举世瞩目的航天城——西昌卫星发射中心。

同步通信卫星的发射基地之所以选择在西昌，是由于这里纬度较低，离赤道较近，有利于把同步卫星送入赤道上空的静止轨道。其次，这里的 "发射窗口" 较大。另外，这里地处大凉山腹地，海拔都在 1500 米以上，人迹罕至，便于保密，而交通也还算方便。

1984 年 4 月 8 日，经过 10 年的艰苦奋斗，新研制的 "长征" 3 号大型运载火箭载着一颗试验通信卫星终于矗立在西昌卫星发射中心的发射台上。

一个中国航天史上值得纪念的时刻来到了。

"30 分钟准备！"

"15 分钟准备！"

5 分钟，1 分钟……

绿色的闪光数码在一秒一秒地递减。

0003、0002、0001、0000。

计算机自动点火，组合显示屏亮起一片红灯。

"轰！"在火光与轰鸣声中，"长征"3号火箭像一条巨龙腾空而起，上升、上升，告别了大地，直驰天外……

"一级火箭脱落！"

"二级火箭脱落！"

"三级火箭脱落！星箭分离！"

西安卫星测控中心和北京指挥中心的大厅里响起了一片掌声和欢呼声。

几天后，卫星由椭圆轨道进入圆形轨道，并向东经125°的定点位置飘移……

8天后，经过卫星的姿态调整和飘移，中国第一颗试验通信卫星定点在预定的赤道上空。它像一颗夜明珠，高悬在太平洋上空。

"长征"3号运载火箭和同步通信卫星的发射成功，标志着中国的运载火箭技术已经跨入世界先进行列。1985年10月，中国宣布将"长征"2号和"长征"3号运载火箭投入国际市场，承揽国外用户发射卫星业务，并成立了中国长城工业公司。从此，中国航天事业开始大步地走向世界。

在将近5年的时间里，中国长城工业公司的有关人员接触了30多个国家和地区的100多家公司，大大小小50多颗卫星的拥有者，终于叩开了国际卫星发射市场的大门。

1987年8月，为法国马特拉公司提供了搭载服务；

1987年11月，与瑞典空间公司签订了卫星发射合同；

1988年8月，为原西德宇航公司提供了搭载服务；

1988年，与美国休斯公司洽谈发射美制澳大利亚卫星；

1989年1月，与香港的亚洲卫星公司在人民大会堂正式签署了用"长城"3号火箭发射"亚洲"1号卫星的合同。这是用中国的火箭发射西方制造的最先进的通信卫星。于是，全世界的目光，又一次盯住了中国。